安坐家中

——給現代家長安心慢教的56道心帖

一個清醒的旁觀者　　羅乃萱

一個家，每天都可以發生很多事。

叫孩子，孩子不願起牀；上學，塞車遲到；接到電話，婆婆突感不適；孩子回家，告訴你忘了帶功課⋯⋯

感覺日子不易，每天都在趕路，在催孩子，在跟時間競賽。

是嗎？

我是過來人，也曾是個緊張媽媽。十多年前從事親子教育工作時，孩子仍在上小學。與其說是教導家長，其實是跟他們一起搏鬥學習共勉。如今，女兒已結婚生了兒子，我也升級當了「婆婆」。但仍從事我最喜愛的親子教育工作，每個星期都接觸中小幼不同年級孩子的家長，角色也變成一個教練，一個清醒的旁觀者。

書名《安坐家中》是昔日《明周》邀請我寫專欄時，讓我起的名字。寫的是一種悠然自得，安然無恙的心態，就像我們常聽到的那句：「見到一家人整整齊齊在吃飯，就會開心」般自然自在。其實不然。只有經歷過每天跟孩子搏鬥，每天嘗試在營營役役的生活中找點喘氣空間的家長們，才會明白這是一件並不容易的事。

而此書的寫成，主要是從每趟與家長接觸之下，有感而發，嘗試

給大家一些妙計錦囊，舒解家長在生活重壓下的焦慮。高興的是有家長在臉書回應那些點子真的有效，我從事親子教育最大的回饋，就是看見家長愈肯放手，孩子愈成長得更好。

　　不敢說這本是什麼「教養天書」，不如說是一本「教養心術」。所謂「一樣米養百樣人」，不可能用一本書幾道板斧就把孩子教養成人，但用心去愛，用心去聽，用心去改變的話，我敢寫「包單」，你跟孩子的關係一定會變得愈來愈好，就讓這本書成為你教養歷程的伴讀吧！

目錄

第三章　擁抱心靈正能量

第六章 家庭生活大小事

第一章

親子溝通的藝術

沉迷與聆聽

　　她的孩子唸中四了，無甚嗜好，放學回家就躲在房間打機。她看在眼裏覺得不妥，每天都跟兒子説：「你呀，就什麼都不會，只會打機！」兒子聽了當「耳邊風」，不為所動。

　　幾乎三兩天，母子倆就會為這事情大吵大鬧。孩子的爸見無法改變「現狀」，實行反其道而行，請教孩子有關時下流行的網上遊戲及其攻略。沒多久就見到父子倆一同打機，一同開玩笑，老友鬼鬼。

　　這天，她實在受不了，在一個講座結束後，拉着我來訴苦。

　　「他倆怎搞的？明明叫孩子的爸勸他別打機，他竟『打埋一份』！」聽得出她氣沖沖的口吻中，還夾雜點酸味。

　　「那孩子的爸有否像孩子般沉迷？還是懂得適可而止？」

　　「總之他打機就不對，父子現在同一陣線！」這才是問題的癥結。她覺得孩子打機妨礙學業，更沒想到的是連老公也站在孩子的陣營，她感覺下不了台。

　　「你有否想過，孩子為何沉迷打機嗎？又有否進入現今的網絡遊戲世界，明白它是這個年代年輕人的玩意，有其吸引之處，孩子若不投入就會脫節，也難以跟同儕『埋堆』？」我嘗試用幾個問題，打亂

一下她的思路。

「但有何方法讓孩子聽我的話，我只要他每天減少打機三十分鐘，他都不肯！」

如果那三十分鐘就是用來聽媽媽的「叮嚀訓誨」，就是那些他聽慣了的囉嗦，他會聽得進去嗎？

孩子唸中四了，早已步入青春期。為人父母的要調適跟他溝通的心態，不能再一味要求他聽話，而是進入他的世界跟他溝通，鼓勵他追尋夢想。當然，見他誤交損友或站在迷途邊緣，仍要出言警告制止。

「羅小姐，講了那麼多，還有否一些叫他不打機的妙法？」

「有！嘗試跟他聊天，多關心他的世界，直至有天你聽到他的心底話……」

「沒有其他方法叫他不打機嗎？」她仍在問。

看來，她連我的話都沒聽進去，怎能要求他聆聽孩子呢！

出口傷孩

一個人生氣的時候，很容易口出惡言。對媽媽來說，更是「極大的試探」。

碰過一個孩子，他的一生只有一個標籤，就是「廢柴」。那是媽媽對他的稱呼，讓他覺得自己沒用，更沒信心跟同學交往。

又見過一位媽媽，因出生是女兒身，跟父母想生個男孩的期望不符，所以最常聽到生母說的一句話就是「其實我想生一個男孩，怎知生了你」，成為她難以磨滅的心靈烙印。

最近，也有一位男生告訴我，媽媽最愛罵他「死X包」。每趟見到媽媽生氣，他就害怕得要死。

我深信，以上提到的那些媽媽們，都不是存心想傷害孩子的。有些可能是氣上心頭，衝口而出的話。有些可能是曾被上一代這樣罵過，被激怒時不自覺地說了出口。

歷來聽過不少媽媽罵孩子的話，如「死蠢」、「生舊叉燒好過生你」、「笨蛋」、「真沒出息」，甚或用離開威脅的語氣說「你再這樣就不理你」等等，而這些話很容易成為孩子個人的價值標籤，跟足他一世。

　　當然，也聽過有父母說：「這樣說，不過想鍛煉他對挫折的忍受能力」。只是，面對挫折的能耐是從相信個人的價值能力而來，若連父母也否定，怎叫他抬起頭來做人呢？

　　幸虧隨着親職教育的普及，愈來愈多父母（特別是母親）意識到這樣怒罵不是辦法，但最大困惑卻是改不了口。

　　「如果今天回家，孩子激怒我，而我突然變得溫柔起來，好聲好氣跟他說……反而會嚇他一跳！」

　　哈哈，可能是吧！但哪有孩子不愛一個溫柔又願意跟他好言相向的媽媽呢？只不過為人母的，一時不能適應那個「忽然溫柔」的自己。

　　那就來個「漸進」式改變，先不讓惡言出口，讓自己喝杯冰水，冷靜一下，總可以吧！試試看！

真的「唔輸得」?

現代父母最頭痛的問題,是孩子「唔輸得」。要跟孩子玩遊戲嘛,一定要贏他才肯玩。怎辦?

過往一聽就不多想,給了一個例牌答案:「那就讓他學學怎輸吧!」問題卻是,「他明知會輸,就不去玩。怎學?」

某天,當這樣草草回答時,腦海竟浮出連串的問題:為人父母到底是怎樣面對孩子的輸贏?我們是否講一套做一套,好像表面不在意,但見到孩子拿了冠軍就喜不自禁,到處跟親戚朋友炫耀?面對孩子的失敗挫折,立刻臉色一沉,冷言質問:「練習時好好的,為何會臨場失準?」

坦白說,這些態度嘴臉,孩子都會看在眼裏。

比賽考試總有輸贏,這是參加者要學懂的規矩,也是預備孩子面對將來人生順逆的基本功。所以當把孩子送進比賽之前,要跟他講清講楚。什麼是真正的體育精神?參賽者該有的風度氣量?特別是團體的運動比賽,跟其他隊員的互動合作,怎樣看待「對手」的勝利或「茅招」等等,都是除了輸贏之外更重要的課題。

孩子輸不起的其中一個原因,是想證明自己,潛台詞就是「不想讓人看扁」(或不想讓看得起他的人失望)。這本無可厚非,但怎樣

幫助孩子從失敗中再站起來，父母的鼓勵不可或缺。

「這趟失準了，只是這次而已！」告訴孩子，暫此一次，不是永遠啊！

「媽媽明白你的難過，甚至自責。這趟經歷就跟上次⋯⋯」將孩子過往的經歷引述出來，鼓勵他是「有能力從失敗中站起來」的。

見過有個孩子，雖然輸了比賽，但一點都不氣餒，甚至為勝利一方鼓掌。這種「識英雄重英雄」的姿態，才是輸家應有的風度。

孩子輸不起，只是暫時的。在父母的引導，時日的磨練下，他有天會明白有比輸贏更重要的，就是面對得失的風度。

媽 媽 的 嘴 巴

媽媽最難學的功課，就是管理自己的嘴巴。

因為咱們的嘴巴都很愛說話，說起話來更是滔滔不絕，別人（特別是孩子）很難插嘴。見過一位媽媽，說起話來總是沒完沒了，身邊的孩子卻是沉默寡言，可能因為她根本沒給孩子一個練習發言的機會。

媽媽的嘴巴又很愛問問題，往往一問就是「打爛砂盆問到篤」。像面對夜歸的少年，她一問：「去了哪裏？」，再問：「跟誰去的？」接着問「去幹什麼的？」一連串的問題，讓孩子應接不暇。難怪青少年面對這樣的媽媽，總是三緘其口，不發一言。

更可怕的是媽媽的嘴巴，常愛把孩子（或他朋友）的私隱不經意地流傳。當孩子知道媽媽的嘴巴守不住任何秘密，自然不敢將心中的鬱結相告。

但最難搞的是，當孩子進入青春期，媽媽的嘴巴變得更挑剔。一時看不慣孩子的頭髮衣着，一時批評他的讀書態度，更要命的是覺得孩子「十問九唔應」，完全不把她放在眼內。

「從前阿仔一放學，就會告訴我今天學校發生什麼事，老師怎樣同學怎樣……現在回家問他今天怎樣，他只說『OK啊』！」老媽聽在

耳裏，就是不OK。

「有什麼方法讓孩子開金口呢？」這是媽媽心中一個難解的結。她會想，是孩子不需要媽媽，嫌我煩嗎？是孩子覺得跟我説也沒用？還是⋯⋯又會胡思亂想一番。

碰到這樣的媽媽，我就愛説：「讓我們學當『巴閉』媽媽！」就是別再問個不停，要懂得在適當時候讓「嘴巴緊閉」，讓問題適可而止，並懂得為孩子守密。當孩子發覺媽媽不再「嘩哩巴啦」説（或問）個不停，願意好好聆聽，不胡亂批評時，他自然會開金口説話。即或未如我們那樣巨細無遺從頭到尾的描述，而是點到即止的説來聽聽，那又何妨？起碼，開啟了一道溝通之門啊。

心事有誰知？

這天，見到一位唸高小的妹妹，跟她聊起天來。她很健談，有問必答。

「平常下課回家，有跟媽媽聊天嗎？」

「怎說？可以算有吧！」

「通常談什麼？」

「都是哪幾個問題。」

「什麼問題，說來聽聽。」

「就是：今天上課有沒有專心聽書？有沒有抄齊黑板上寫的功課？課堂上有沒有寫筆記⋯⋯」

「你的答案是⋯⋯」

「說她想聽的：標準答案。如『有專心』、『都抄齊』、『寫了筆記』⋯⋯」

「然後呢？」

「我們就無話可說，我就回房間做功課啦！」

聽到這樣的母女對答，很千篇一律，也很沒趣。是嗎？

曾聽過不少媽媽跟我抱怨，孩子升到高小，就不愛跟媽媽講話。

媽媽以為孩子變心，孩子卻覺得媽媽問來問去都是「三幅被」，早答膩了。特別是上述這些封閉式，只能回答「有」跟「沒有」的問題，多是青春期孩子迴避的。原因不外他早知道媽媽想要的答案，於是草草回答了事。又或者他怕媽媽一旦知悉心事，會尋根究柢地問個不休。

當面對孩子有心事不願向家長透露的課題，我最愛問的是：自己有心事，會找誰傾訴？這個傾訴的對象有何特別之處？

聽到的答案不外是：可以寄予信任並保密的，明白我心及同理共鳴的，願意花時間聽我傾訴的，旁觀者清的。聽到這些答案，再套用到跟孩子的溝通關係上，自然一理通百理明。

我們是否把孩子的心事當成不足掛齒的小事，覺得「沒什麼大不了」？又或者他一道出難題就趁機教訓或說她的「不是」？又或者覺得我們吃鹽多過他吃米，所提的建議他非依從不可，沒有商量餘地？

父母的態度，若常是一副高高在上的過來人模樣，總覺得孩子想法幼稚，孩子感覺不被尊重，又怎會向父母多講呢！

若想孩子把心事好好跟我們說，不如想想怎樣做一個聆聽別人心事的人。做好這一步，孩子的心自然向我們敞開。

鼓勵是推動孩子的摩打

這年代的孩子，眉精眼企，要鼓勵他們，殊不容易！

咱們的年代，爸媽會講一句「俾心機」，做兒女的已經喜不自禁。我的老媽還會用英文講：try your best 就夠！從不因為考試成績不好而責罵我，這已經是心目中的絕世好讚。

但年代不同了，現在講「加油」、「做到最好」甚至「全力以赴」、「至like」等，孩子都未必當一回事。原因之一，是現代父母「係又讚，唔係又讚」，總之把孩子捧至天般高，滿以為這就是「鼓勵」，其實屬於「虛火」。

「你真叻叻！」孩子無論做什麼都說他「叻」，一來聽膩，二來他根本不知道自己優秀在哪裏。所以便會「左耳入，右耳出」。

如果改成：「這幅圖畫的構圖跟顏色都配合得很好，看到你很用心在畫，媽媽覺得你很有潛質啊。還有些什麼可以在這幅圖上再加或減的？」這樣的鼓勵就更具體，也讓孩子抓到進步的空間。

問過孩子父母讚美鼓勵的話，多是什麼？他們都說，聽來聽去都是那幾句，覺得很「行」（就是普通，「行貨」的意思），也看不到自己的潛質何在。反而老師或教練給的評語，更能一語中的。比方說，游泳教練會說他「雙手的力度很夠，愈划愈有力，有潛力可以拿

到比賽冠軍！」結果，他真的不負教練所望。

　　也聽過有父母說，孩子缺乏自信，鼓勵他，反而讓他感覺壓力。所以對較自卑或缺乏自信心的孩子，一定要多觀察他的長處（別信他說自己一無是處，總是「有」的），加以創意的鼓勵，他自然欣然受落。

　　就像在寫作班中，碰到一位出口就是「成語」的男孩，一到執筆就垂頭喪氣。我決定稱他為「成語王子」，每趟寫文都跑過去問王子有什麼靈感，直至最近，跟他說了一句：「我覺得你滿肚子成語，一定有潛力愈寫愈多靈感的，而且你的文字很簡潔有力……」話未說完，已見到他在揮筆疾書，突破文章的長度與內容的深度了。

　　鼓勵，是推動孩子向前的摩打。但要推得其時，讓他意想不到，就更奏效。

請戒掉「三幅被」

這天，又見到一位被高小女兒氣得七竅生煙的媽媽。

「請問怎樣可以跟這一代的孩子講話？我還沒開口，她就說我煩。十問九不應，還給我白眼⋯⋯」

原來，孩子已有好一陣子不跟她說話。她說着說着，已是滿眶眼淚。

「我是單親媽媽，又要外出工作，日忙夜忙就是為她。怎知她一點不領情，還給我一張臭臉⋯⋯」

待她情緒平伏，才聽她娓娓道來事情的原委。

她多年前離婚，一直帶着孩子。孩子就是她的寶，甚至是她所有。對孩子唯一的寄望，就是要她「俾心機讀書，將來可以出人頭地」。這句話，她天天都講。

孩子跟同學講電話沒多久，她就會說：「收線啦！要俾心機讀書啦！」

孩子看電視看得入神，她又會說：「不要看啦！俾心機讀書啦！」

總之，「俾心機讀書」這五個字，就成了她跟孩子溝通的主軸。難怪孩子會覺得她囉唆厭煩，因為講來講去都是這「三幅被」。

「其實你講了這麼多遍，孩子一定記得……你沒開口她已知道你的對白，這樣的對答自然沒趣。」她點頭同意。

「那可以跟孩子談什麼？」

可以談的多的是。如自己的家庭成長過去，還有戀愛的失敗經驗，日常生活的喜怒哀樂，正步入青春期的孩子也可以聽。

不過最重要的是戒掉那「口頭禪」般的「三幅被」。如一回家就問他「做了功課沒？」，起身就叫他「刷牙洗臉啦！」，出門就叫他「快點別遲到！」等等的督促叮嚀，孩子早不愛聽。

不如跟他說：「早餐準備好了，一起吃吧！」回家就問他：「今天在學校有什麼特別的（或高興的生氣的）事情？」總之用盡各種方式，讓他打開金口。

記得有家長告訴我，她若將孩子當成知心友般對待，不再以家長口吻凌駕其上，發覺孩子竟願意跟她分享心事。

當然！若我們願意拋掉這陳舊的「三幅被」，孩子的耳朵就會張開的呢！

孩 子 不 跟 我 交 談

　　前一陣子到多倫多公幹，有機會接觸當地家長。不少人以為，移民到外地，功課壓力少了，親子之間的張力也減了。這是事實，親子之間功課壓力輕鬆了，但換來殘酷的現實卻是：孩子長大後，很少跟父母交談，甚至婚姻大事也隱瞞。像她，親口跟我說：「孩子結婚了，我是一年後才知道。」

　　怎會這樣？

　　「我也不知道啊！好像她有她的世界，不用我管似的！」原來，自孩子進了大學搬去宿舍後，母女就很少交談。對女兒唸書的世界，她一無所知。最後，親子關係愈來愈淡薄，甚至一年也見不了幾次面。

　　怎會這樣？怎知她吐了一輪苦水以後，還有比她更慘的。

　　「你起碼知道女兒結婚了，我的朋友是連孩子離婚也不知道。長大後離家就跟家人絕少往來，連臉書也ban了父母！」

　　聽到這些故事，我的反應是：無言以對。因為得到的資料很少，聽得出父母都覺得是孩子的問題，是受西方教育影響，覺得自己獨立了，不該受父母管束了。但「不受管束」跟「不相往來」是兩碼子的事，當中一定發生過一些衝突，只是沒機會陳明。

正當疑惑之際，在另一個講座中，碰到了她。知道我是從事家長教育工作的，她一開口就問：「若孩子不走我為他安排的路，怎辦？」

「你的意思是⋯⋯」

「我很想他入這所大學，就是城中有名的那家。但他偏偏選另一家，有何方法讓孩子踏上為他安排的路？」

孩子大了，有他自己的盤算、選擇。為人父母的若用盡方法威逼利誘，孩子即使勉為其難就範，這是她想看到的結果嗎？

「你的意思是任由他走自己的路！」

走哪條路都好，重要的是彼此了解，有商有量。孩子選擇別的學府，一定有他的理由，我們可以聽聽嗎？至於父母要他讀名校，是深深覺得為他未來鋪路。但在現代社會，讀名校真的代表將來會找到好工嗎？（可能只限於第一份工）

那個下午，跟她分析陳明兩者利害。更重要的是，別因一個決定、一個選擇而破壞彼此的溝通關係。若孩子關了溝通的門，像上面兩個例子那樣，已經是追悔莫及了！明白嗎？

第二章

教出好品格

自大的孩子

已經不止一次，碰到一些憂心忡忡的媽媽，跟我說孩子「自大」的問題。

「我的兒子很聰明，唯一的缺點就是很自大。總覺得自己高人一等，瞧不起比他差的人。」

「我的女兒只有三歲，做什麼事情都要自己來，而且一定要用她的方法不可。比方說打開一道門吧，她愛怎開就是怎開，問她什麼都說知道，又覺得自己很美……」

看來，「自大」這問題，是沒有年齡界限的。

自大的孩子認為自己比別人優秀。這種態度不但藏在心裏，還會大言不慚，讓眾人皆知。本來，孩子有突出的才華成就，父母該高興才是。問題卻出在，他是怎樣看待自己的才智，是用來炫耀與看扁別人，那就糟糕了。

我常想，孩子是否天生就自大？還是在父母不知不覺的鼓勵吹捧下，養成這種態度？

開始的時候，會否因年幼的孩子有某種特殊的才能，便鼓勵他在親友面前表演，接受眾人的誇讚：「你的孩子真的有天份，將來一

定……」

面對這些稱讚的話，該如何回應？點頭稱是，繼續讓親友在孩子臉上貼金，還是説：「他還在學習階段，要多多指點他才對！」這是兩種截然不同的態度。

記得在寫作班上，就曾碰過幾位自以為了不起的孩子。有一位甚至跟我説：「我寫書，也是作家。」

我的回應先擺出「失敬」的開場白，然後抓緊機會跟他説：「真正了不起的人，是願意把自己所學所長幫助跟啟發別人的。你既然寫作這樣了不起，就幫助一下班上的同學吧！」

孩子也許認為，父母愛他是因為他的出色成就，又或者他的自大只是一種裝腔作態。無論怎樣，為人父母都不該讓此風助長，對孩子的未來，可是百害而無一利呢！

尊重需要從嘴巴開始

這天在商場中，聽到一位媽媽在吆喝孩子：「妳給我站好，看看周圍的人都知道你不聽話，你⋯⋯」孩子只有低着頭，任由母親大罵。

那孩子大概八九歲吧！心想，孩子年幼當然不會反抗。但至青春期恐怕會是另外一副樣子。因為從小被當眾大罵的感覺，並不好受，那回憶也可能長留心底。

又有一天，我在講座中問眾父母：「如果你媽吩咐你的孩子（也就是她的孫子）打你，你會容許嗎？」有一位爸爸真的問過我這問題，因為他返娘家吃飯遲到，外母要孩子「打爸爸的臉」。沒想到講座當中，竟有一位爸爸點頭，同意被打！

「我覺得無所謂啊！被小孩子打打臉而已，又不會受傷。」但有否想過從小孩子可以隨便打爸爸，就是一種不尊重。

這一陣子聽過不少家長說，這一代孩子愈來愈不像樣。到底，問題出在哪裏？從以上例子可窺見一斑。

尊重，其實是由稱呼與溝通開始。想想我們在家中，特別是生氣的時候，是怎樣稱呼孩子？動輒就說他蠢笨沒用，還是無論發生什麼事，都用親暱的乳名稱呼他，如什麼阿B之類也不錯啊！

　　當我們想請孩子做事或溝通的時候，用怎樣的語氣？「你過來，做功課」還是「你來，媽媽幫你看看功課，好嗎」？

　　當然，尊重也包括了讓孩子有個人選擇。如參加興趣班，就看看他對什麼事真有興趣，而不是渴望他滿足自己的慾望。至孩子步入青春期，若孩子選擇自己愛讀的科目，甚或夢想，我們能夠尊重嗎？

　　尊重是雙方面的。我們尊重孩子，孩子自然也懂得尊重我們。我們尊重別人，孩子也從我們身上學懂尊重別人。如坐電梯會跟鄰居打招呼，有機會會多謝掃地的嬸嬸或校工姊姊等，都是一種尊重的示範。

　　很多人以為，我行我素不管別人怎說，就是王道。但日子久了，就會明白不懂得尊重別人的人，是難以跟人溝通合作的。

　　從小讓孩子學懂尊重，其實是為他將來鋪路。

別 當 孩 子 的 朋 友

　　一位媽媽很興奮地告訴我：「我的兒子十八歲了，跟我關係很好。什麼心事都會跟我商量，還說我是他最好的朋友！」

　　看着她一臉自豪，仍忍不住問她一個問題：「那兒子除你以外，有否其他談得來的朋友？」

　　她想了想，搖搖頭。我的回應是：「兒子長大了，該有自己的圈子，自己的朋友啊⋯⋯」這是真心話。

　　孩子年幼，一回到家什麼心事都向媽媽稟報，這是應該的。但隨着年歲漸長，開始獨立，就要脫離父母。這是人之常情。

　　什麼叫脫離父母？就是不再跟父母講心事，跟父母出外應酬等等。孩子長大了，開始有自己的朋友，跟朋友的約會，與同儕分享心事，也是人之常情，更是孩子長大的一個里程碑。

　　但也見過有些父母，像上述的媽媽一樣，愛把孩子當成朋友。讓孩子自幼就視父母為「同輩」，可以直呼其名，直斥其非，失了對彼此的尊重。曾聽過一位年輕人說，爸爸把他當朋友就是「不會罵他，不會干涉他的行為」，讓他「做自己」。說來好聽，其實是父親完全放任，讓他為所欲為。

更糟糕的是，他們對父母如此，對父母的朋友亦然。曾碰過這樣的一位十來歲小女生，見面時直呼我名，嚇了我一跳。後來才知道，父母允許她在家中直呼其名，難怪她也用這種方式對待父母輩的親友。

不過還有更糟糕的是，父母滿以為把孩子當朋友，就是把喜怒哀樂的情緒（特別是負面的），都渴望跟這個「朋友」分擔，完全不理會孩子是否承擔得了。見過一位單親媽媽，每天都愛在孩子面前，數落她的前夫（也就是孩子的生父），把所有孤單絕望的情緒垃圾都傾倒在孩子身上。孩子的心智尚未成熟，唯一的回應是聆聽，但卻無法回應成人世界千絲萬縷的感情糾纏啊！

親愛的父母，如果我們真的愛孩子，就專心盡上父母的責任。把孩子當朋友，可是本末倒置呢。

教養孩子責無旁貸

　　友人是當教師的。他說班中有一位學生，常跟老師頂嘴。老師跟他說：「你要守規矩！」他偏不聽。至有一天，友人受不住兇起來，疾言厲色斥責那孩子的行為，他居然乖乖聽話。但更令友人氣結的是，見家長時跟孩子的爸談起這次事件，對方竟說：「我在家不夠兇，所以搞不掂他。拜託老師你了！」

　　管教，不是父母的責任嗎？為什麼推了給學校？

　　我想，最大的問題是，父母最在乎的是孩子的教育問題（如上哪所名校？去哪一個補習班？）卻忽略了「教養孩子」才是他們最基本的責任。

　　什麼是「教養」？離不開規矩、解說與榜樣。

　　為人父母的，要從小為孩子定規矩界線，讓他知道何事可以何事不可以。如對人要稱呼，長輩要尊敬，對老師要聽從，吃飯的時候拿筷子不可以「飛象過河」、別人的東西要問過才取、借了別人的東西要歸還等等，都是與人相處交往的基本禮貌，是要父母耳提面命的。同時，更要讓孩子知道，不守規矩的話會有「後果」的。年幼的孩子，後果可以是順其自然的，如他打翻了最愛喝的果汁，就沒得喝。至於年歲漸長的，零用錢或外出回家的限制，也是一種對孩子的制約。而另一個大範疇，就是孩子該負的責任，如做功課溫習，甚至日

常生活的張羅（穿衣服揹書包等）。若父母過分參與代勞，孩子跟父母的「臍帶」就永遠斷不了啊！

不過更重要的教養，是需要向孩子解說。如為什麼要對人禮貌（那因為你想別人怎樣待你，你也要如何待人），為何要問過人家才能拿他的東西（因為那東西是屬於別人的）等等。若父母覺得為難，或不知從何說起，可透過書籍繪本，或網上一些短片等等，總之就是使盡各種方法，務求孩子明白。

至於榜樣，更是要緊。孩子最不能接受的，是「講一套做一套」的父母。而且很多時候，活出來比「日哦夜哦」更奏效。不信，試試看吧！

專注力的再思

這陣子學校不是正在考試就是老師見家長的時間。本來是極平常的事情，但今時今日，家長聽到老師的話，就會變得立刻神經緊張起來。

像這一天，一位媽媽走過來跟我說，孩子派了成績表，表現中上，但老師說她很不專心，「上課就是愛看窗外，就算一片葉子落下，她都會忍不住看一眼！」

聽到她這樣說，我竟忍不住噗嗤地笑起來：「實不相瞞，我唸書的時候，老師也這樣形容我。到我女兒唸書時，她的班主任也這樣形容她⋯⋯」

至今還記得，這位媽媽當時目瞪口呆的模樣。這是鐵一般的事實。其實，專心的定義，因人而異。

難道，孩子可以心無旁騖「坐定定」做功課一小時就代表他很專心？還是在指定時間將功課完成就行？其實，一個孩子的專注力會隨着年齡成長而改變。年幼的時候可能只有十五分鐘，至六歲時可增至二十分鐘，九歲可以增至三十分鐘等。要求一個高小孩子坐九十分鐘溫習，是已經超越他專注力的範圍。

「其實，你的孩子並非不專注，只是分散在不同地方！」

「對啊，他上街愛觀察行人，到一個新景點旅遊就留意一景一物……」這樣聽來，她的孩子並非不專注，只是他的專注力並非只用在功課上而已。

其實，想提升孩子做功課的專注力，需要有客觀的條件：

- 看看孩子是否參與太多課外活動？回到家中已疲憊不堪，哪有精神做功課？

- 看看孩子的睡眠是否充足？若太晚睡，又何來精神做功課與溫習？

- 有否為孩子定立一個作息的規矩。若父母管教太鬆散，家中沒規沒矩，孩子可做可不做的話，他又怎肯專注？

- 家中干擾太多：如邊開着電視邊做功課，會讓孩子容易分心。

客觀的條件有了，就要進行刻意的訓練。如集中精神先做一樣功課，或玩一樣遊戲（如玩迷宮、一起跟孩子砌拼圖等），把要背誦的課文大聲朗讀，培養孩子獨自閱讀的習慣與樂趣等等，都是培養孩子專注的有效方法呢！

引導孩子自律

談到有關自律，我總愛問這個問題：

「有沒有孩子生來就會刷牙的？」

大家都回答「沒有」。那我們是怎樣讓孩子習慣刷牙呢？

「自己先做給他看！」

「拿一些爛牙的照片給他，告訴他不刷牙的後果！」

「對他說：『牙齒跟家中的房間一樣，每天都要清潔打掃的！』」

其實，我想引導家長思考的是：自律是需要培養引導的。

然而，當不少家長提到孩子的自律，總離不開兩個範疇：家務自理與功課溫習。整潔的媽媽總期望孩子可以懂得打掃收拾自己的房間，更多媽媽想的是：孩子可以自發做功課溫習，不用她操心。

到底「自律」的定義是什麼？有人這樣說：「人能服從內在良心規律，並能適當的約束自我行為。」也就是說，一個懂得自律的孩子，無論媽媽是否在身旁，他都懂得約束自己的行為，知道什麼該做，什麼不該做，並且不受他人的影響。

至於孩子怎樣學會自律，以下是些可行之法：

榜樣示範：想孩子學懂收拾，為人父母就要示範拿出來的東西要放回原處，打開的抽屜要關好，就算心情不好也不會大聲喊叫，把情緒發洩在別人身上等等。

平靜告知：通常想孩子自律的事情，多是我們看不過眼的，但咱們愈來愈緊張生氣的話，孩子就會愛理不理。倒不如心平氣和，一步一步解釋給他聽，對年幼正在發脾氣失控的孩子，大吼喝止只會讓他更害怕，還不如溫柔地跟他說：「你先停停別哭，因為你哭媽媽就聽不到你說話的呢！」讓他情緒逐漸平伏，才慢慢跟他講道理。

我的他的：很多時候想孩子學的所謂「自律」，只是媽媽的生活方式。比方說收拾乾淨房間，媽媽想要的是一塵不染，孩子卻覺得找到東西就可以，亂一點沒關係，那就最好一人讓一步。搞清楚這點，知道要求孩子自律的事情也是他認同的，才是最有效啊。

當然，鼓勵欣賞更是免不了。孩子做得好，鼓勵他幾句，他就會逐漸自動自覺去做的。這招，屢試不爽！

挫折，讓孩子變得更堅強

挫折，是每一個孩子成長的必修課。

幼年的時候，覺得穿不上鞋子，在學校的餅餅被同學拿來吃了，都是挫折。

到上小學了，被老師講了幾句，同學不跟他玩，或者忘了帶功課等，都會讓孩子不開心。中學時期，失戀考試失準不能入選校隊等等，都是！只不過人愈長大，該是對挫折的承受與復原能力都增強了。

只可惜，現代家長過度保護孩子，盡量讓他避過挫敗，滿以為這樣可以為孩子鋪一條寬廣的大道，殊不知卻讓他對挫折的承受力大降，甚至不堪一擊。

面對不喜歡自己的老師，就要求轉校！面對不被老師選入校隊，就叫媽媽去求情！面對被同學排斥，就要求父母出頭，向老師投訴……這些都是從不同渠道聽到的事例。

雖然也明白，為人父母經常在兩極中平衡：一方是深感現代社會危機處處，盡所能保護孩子，但另一方面又怕他脆弱無能，受不了任何打擊。

當然，挫折也是一種很主觀的感覺，所以請勿比較。如稚齡孩子不小心摔倒在地，大哭起來。在父母眼中是小事，便會跟孩子說：「跌倒而已，幹嘛大哭！」其實是在否定他的感覺。還不如攬着他，說：「跌倒膝蓋很痛是嗎？媽媽知道啊！」待他情緒平伏了，再問他「知道為何跌倒嗎？下次可以怎樣小心點？」讓孩子從挫折中學習。

不幸失去摯愛的臉書營運長雪柔・桑德伯格女士，在其新書《擁抱B選項》中提到，教養出韌性十足的孩子，就要自小培養四個核心信念：

1. 他們可以控制自己的人生
2. 他們能從失敗中學習
3. 他們很重要
4. 他們擁有可依靠、也可分享的真實力量

當然，坊間也流行讓孩子在「人工」挫折中（如探險攀石露營等），學習自信堅強。但我更深信，人生的挫折是埋藏在每天的日常生活中，就是那些努力得不到如期望的回報，甚至被人看扁不選中的挫敗中，父母才是最好的生活教練，引導孩子如何從這些不如意的小挫敗中，汲取教訓，再站起來。即使最後未必獲勝，但孩子總會在這些跌跌碰碰之中，變得比昨天更堅強。

品 格 三 字 訣

這年頭，還講品格教育，好像很老土，但又是必要。

從前，家長總以為品格就是操行分而已，哪用這樣緊張。

只是近年，不少家長看到實況，就是報章新聞上，學生怎樣對待老師，孩子怎樣對待父母，始醒覺品格教育勢在必推。

什麼是品格教育？是教孩子對人有禮，收到人家的禮物懂得說「多謝」，讓座給年長的，尊敬師長等？這些都是。更廣義來說，就是一個人怎樣跟自己、跟別人、跟環境的相處。

近年，西方有學者把品格教育視作「道德智能」（moral intelligence），就是怎樣分辨對錯，並按着正路而行。學者Michelle Borba還羅列七種智能特質：同理心、良知、自制力、尊重、仁慈、寬容、公平。中國人則有「四維」的禮、義、廉、恥，「八德」的忠、孝、仁、愛、信、義、和、平。

當然，學校可以透過課程去推，但更重要的是家長的配合。如何配合？態度比內容重要。那天被邀在一個品格教育論壇上分享，想到三個要訣，在此與你分享：

G（Genuine）表裏合一的真誠：孩子的眼睛是雪亮的，父母叫

他們要節制，自己卻「講一套做一套」，孩子怎會聽？在孩子面前，父母要言行合一，坦蕩蕩的，孩子見到就會跟從。但若父母「不透明」，孩子就會當我們「透明」啊！

O（Others）推己及人的關愛： 這是個自我與自戀的世代。眼中只有自己，沒有別人。就算父母也是盼望「自己」的孩子成功，看不見他人的需要。就像那天問一羣家長，回家問孩子的問題總離不開「你在學校遇到什麼有趣的事」、「有否被老師稱讚」，但有一位另類的家長卻舉手說：「我會問孩子班上有哪個同學沒上課？可以怎樣關心？」這就是推己及人的實踐。

D（Dare）敢於不隨波逐流： 在多數「惡」過少數的吹噓下，人會變得怕事退縮。但真正的品格是勇於為對的事站出來，不怕旁人譏諷，更不懼被人拒絕。

品格教育乃一生的功課。愈早起步，孩子就愈早得益。

孩子拖拉，怎辦？

孩子快升中學了，但做事情總是拖拖拉拉。不催不做，就算媽媽催了，也只是半推半做。

每天下課回家，就把媽媽弄得氣急心煩，曾警告兒子：「再這樣下去，一定會把媽媽氣死！」說歸說，孩子仍是無動於衷。

這天見到她，一臉無助。「有什麼方法讓孩子懂得時間管理？」

真的很難三言兩語交代。不如將我從父母身上學到的，及這些年引導孩子的一些心得，跟大家分享：

- **優先次序要訂好：**一天二十四小時，在家中有哪些事情是每天都做的，先將之列明。如：

  早上：起牀、刷牙洗臉、吃早餐、上學

  下午：下課回家吃點心、洗澡、練樂器

  晚上：晚餐、做功課、玩耍（打機）、閱讀（或聽故事）、睡覺

  但當中有些是必定要做的，如睡覺、上學。有些則是可以調動一下的，如功課還沒做完，遊玩時間便要縮短了。

- **尊重孩子的節奏**：每個人辦事的節奏未必一樣，親子亦然。通常媽媽都是急先鋒，孩子卻是慢郎中。同樣，我們也不能用成年人的辦事「效率」去要求孩子，如我們寫一篇字可能十五分鐘就寫好，孩子可能要起碼二十分鐘呢！最好能按孩子做事的節奏，幫他訂立調整。這樣做的話，他會做得到。做得到就自然有成功感，樂意再做。

- **睡眠玩耍的重要**：與其硬要孩子捱更抵夜溫習，還不如請他早點休息，有充足的睡眠以應付將臨的考試。對年幼的孩子，玩耍是他鍛煉好奇心與啟發學習動機的不二法門，千萬別犧牲掉。

- **大山變小山**：對孩子來説，功課與考試測驗，永遠都是一座難以征服的大山。所以孩子年幼時，父母就需要將大山化成小山，如溫習十頁的書就拆成三個三至四頁，溫習好一個段落就給他一顆星星貼紙以示鼓勵。

- **總要有緩衝（buffer）**：把時間排得密麻麻喘不過氣，孩子覺得辛苦，我們也會受不了。還不如每天給大家一點緩衝的自由時間，任由孩子運用，也是在教導孩子學習時間管理。

說穿了，時間管理其實是一種自我管理。搞通了，很多事情就易辦了。

「認叻」孩子背後

這幾年，有機會跟家長分享，都愛用這個例子：

一位小學生，由於學業成績優異，便覺得自己很「叻」。到一個地步，「叻到無朋友」。面對這樣「自我中心」的孩子，我的處理方式是：善用他的「認叻」，讓他明白何謂「真正的叻」：就是不單要自己出色，也能幫助別人成就。

滿以為這樣淺顯的看法，家長都會認同。怎知最近幾次跟家長因着這個問題互動，過程如下：

我先拋出問題：「若孩子愛認叻，先要告訴他自己認叻人家蠢，這種『叻』的層次很低，可以有高一點的？」

家長通常的答案是：「那就請他教導或啟發別人跟他一樣認叻。」

好啊，也是個不錯的答案，起碼願意幫人。

我跟着追問：「那如果別人比他更『叻』，那怎麼辦？」

沒想過回應卻是：「那就鼓勵孩子繼續努力進步，要比對方更『叻』！」

我仍鍥而不捨：「但最後仍是別人比孩子『叻』，那又如何？」

「要繼續鞭策孩子，鼓勵他最終要追上對手！」

問到這兒，我語塞了。

真的是這樣「你叻我又要叻過你」地鬥下去嗎？為何不能接受自己的限制，欣賞別人的傑出？

若孩子在這些不斷要求要贏要勝過別人的氛圍長大之後，在職場上他會變成一個怎樣的人？最近有機會跟在職場的年輕朋友分享，道聽塗說回來，對「認叻」一族有這樣的描述：

- 常咄咄逼人要與人家比較
- 常有意無意藉着貶抑別人來抬舉自己
- 常以為什麼事情的成就都是個人功勞，忘記團隊的付出
- 常向別人吹噓自己的成就

這樣的人在同事友儕中，當然不受歡迎，所以他們常感覺自己孤單無朋友，其實是「滿招損」所惹的禍。

最近在臉書無意中看到Jay Shetty（編按：一位勵志演說家）上載的短片，談到「學習」。其中有一句話是：「我學習到最深刻的功課是『仍需要不斷學習』」。當一個人覺得自己最叻，就會停止學習，將來更會停滯不前。

盼望家長小心，每一個「認叻」孩子的未來是好是壞，我們多少有責呢！

孩子是聽教的

這個黃昏，下着滂沱大雨，整輛巴士都站滿了人。

到站了，出口旁的關愛座一位婆婆下了車，騰出了一個空位。剛好，就有另一位婆婆牽着愛孫女上車。滿以為婆婆會坐那個空位置，怎知她二話不說，就推孫女去坐：

「坐吧！快點坐吧！那兒有空座位。」

孫女沒聽，一直在搖頭。那女孩看來十歲左右，生得牛高馬大。

「我叫你坐啊，怎麼不聽？」說時，婆婆有點火氣了。

「這是關愛座。老師說是給長者坐的，我們不可以坐！」女孩講得很堅決，一副「不坐就是不坐」的我行我素，婆婆也不再催逼了。

這個場景，看在我跟周邊的幾位「老娘」眼中，嘖嘖稱奇。這個年頭，搶着霸位，自助餐搶着大盤大盤拿來吃的老幼拍檔（即婆孫組合）多的是，這個女孩實屬異數，也讓一直從事家庭教育的我，多了一重反思。

反思的結論就是：孩子是聽教的。而且，不單聽父母的教導，也聽從師長的訓誨。特別是幼稚園至高小的學生，對師長的話多是言聽

計從，他們的心靈就是一片好土，需要我們撒下信念品格的種子，然後常常灌溉，讓之茁壯成長。

不單如此，更多時候，孩子更會反過來，成為我們的老師。

上面的例子只是其一。也見過大人帶小孩過馬路，紅燈亮起，大人抓着孩子往前衝。怎知孩子不從，對爸媽直言道：「老師說，紅燈是不可以過馬路的，要等綠燈才行。」

還有，見過年幼的孩子，步履不穩摔倒在地。身邊的大人立刻將他扶起，然後大力打地板說：「地板曳曳，讓孩子跌倒！」怎料，孩子卻對大人說：「媽媽，不要打地板，是我自己不小心跌倒的。」孩子的明理懂事，讓大人汗顏。

原來，孩子不但聽教，還會把教導他的實行出來。

原來，孩子不但聽爸媽的話，也重視老師的話。

原來，孩子不但是孩子，有時也是提點我們大人毋忘初衷的老師。

測試父母的底線

前陣子到多倫多探親，看到這樣的一幕：

那是家庭團聚的一夜。幾個家庭都有年幼的孩子，一起玩耍當然開心，但總有曲終人散的那刻。當大家在穿鞋子準備離開時，六歲的他開始大哭大鬧，說不肯走要留下來。

身邊的人開始不同反應：有的立刻安撫，有的在旁觀。孩子的父母則滋油淡定，走去問過明白：

「你為何在大哭？要回家啊！」

「我不回家，要留在婆婆家玩！」他愈講，哭聲也愈大。

「那你先安靜一下，遲些便帶你回家！」

父母的語氣柔和而堅定，讓兒子繼續他的哭鬧。沒多久，他見沒人援手，只好「死死地氣」穿上鞋子，連嗚咽也沒有了。

看到這幕，我連連豎起拇指稱好。

孩子年幼，最厲害的武器就是大叫哭鬧。為人父母的若一見到他失控大喊便就範，孩子往後就會繼續測試我們的底線。這些測試底線的行為，基調就是「父母要求他做的，他偏不做」。換個說法，就

是父母不聽他話，他就「耍脾氣」。如你想他喝牛奶，他就是不喝，更會把牛奶倒翻。他想在公園多玩一會，你卻要他離開，他便大哭大叫；又或者，你叫他把書放回書架，他卻不理不睬，甚至把書架所有的書都翻了下來等。

面對這些測試底線的行為，父母該如何應對？

首先，就是要「硬心腸」。孩子發脾氣不吃東西，就讓他餓一頓（餓不死的！）。孩子把書架的書都翻下來，就要求他在情緒平伏後放回去，讓他明白「自己的爛攤子要自己收拾」。

但有時候孩子不按要求去做，也可能是我們說得不清楚。比方說看到他在近距離看卡通，就說「你怎麼又看電視！」，其實我們的要求是「請坐遠一點，在沙發上看電視，就能保護眼睛啊！」。指示清楚，語氣溫和，孩子容易受落。

當然，孩子若作出無理要求的時候，就要像上述父母般，讓他獨處安靜。稍待情緒平伏，才跟他好好再談。即使孩子大罵說「不要爸媽」，那只是他發洩的一種方式（別以為是真的啊）。

咱們那個年代，常規勸父母別威脅大罵孩子，嚇怕他們。現在反過來要勸告父母，別怕孩子的威脅。他們愈要測試我們的底線，我們愈要堅持啊！

正 向 教 養 的 反 思

　　這個年頭，很多人聽到「正向」就皺眉頭。總覺得是盲目樂觀，不夠貼地，不切實際。有些甚至覺得對孩子只有鼓勵沒有管教，甚至尊重過頭，到頭來父母還有什麼角色可言⋯⋯

　　但這是否正向教養的原意？為求找到答案，買了《跟阿德勒學正向教養》一書，從而得知其觀念是根據阿爾弗雷德・阿德勒跟他學生魯道夫・德瑞克斯三位的研究發展而成。整套理念與傳統管教方式最大的不同是：不期待孩子乖乖聽話，不用懲罰讓孩子就範，而是讓孩子參與解決問題與定下規範的過程。換句話說，是一種雙向的親子溝通教養，並非父母「一言堂」的決定。

　　「那怎麼行？難道每件事都要跟孩子商量才決定嗎？」把這概念向友人提起，即觸及底線：誰該「話事」。我帶着平常心來閱讀，倒覺得當中提及的正向教養八個基石，很值得我們反思，以下是讀後的迴響：

1.　相互尊重：父母不能一味要求孩子尊重他，也要尊重孩子的需要，特別是私隱。

2.　理解行為背後的信念：總覺得，每個孩子的所謂「壞行為」背後，多隱藏着他無法表達的渴求。如弟弟出生後，姊姊的脾氣變得很壞是因為她仍在學習適應弟弟的出現，以為弟弟搶奪了父母對她的愛。

3. 有效的溝通：父母多是愛說少聽，若能多專注聆聽，自然會聽到孩子的心聲。

4. 了解孩子的世界：愈來愈覺得這是個跟我們截然不同的世界，不能用我們那套放在孩子身上，要多理解電子媒體，明白多些現代心理（特別是特殊學習需要）才能對孩子的需要作更有效的回應。

5. 教導性管教：其實正向教養並非任憑孩子胡來，而是有指引教導的，特別是教導孩子學科以外的生活社交技能，就是教孩子怎做人。多貼地！

6. 專注於解決問題：明知道懲罰責罵只奏一時之效（甚至無效），還不如將每一趟失敗視作一個解決問題的機會。更何況至今仍相信：失敗乃成功之母。

7. 鼓勵：這是我最愛的板斧，告訴孩子他的強項在哪，加以鞭策鼓勵，比句句正中要害有效多了。

8. 孩子感覺好，會做得更好：完全同意，心情好了，學習能力當然會提升。

第三章

擁抱心靈正能量

孩子，不是我的延伸

一位快手快腳的媽媽問我：「我的女兒做什麼事情總是慢吞吞的，怎辦？」

聽她說話，就知道她必定是位急先鋒。但老天幽默地賜給她一位慢郎中的女兒，讓她受不了。

「每天吃飯的時間，我們的爭執更多！」她想孩子多「扒」幾口飯，孩子卻把飯含在嘴中，慢慢咀嚼。

其實，對快慢的定義，以至什麼是乾淨整齊，都因人而異。但更重要的是，孩子，不是我們的翻版，更非我的延伸。這是為人父母（特別是媽媽）最難學的功課。

因為懷胎十月至見到孩子呱呱墜地，一天天的成長，心底潛藏的渴望是「他愈來愈像自己」。特別聽到旁人說；「你看，女兒就跟你一樣XX！」那份喜不自禁，旁人怎會看不出來呢？

「那有什麼問題？」她說。

如果孩子真的跟我們像，問題不大。最可憐是，孩子一點都不像我，但我們卻偏愛將那個倒模，套在他身上。

比方說，我也是一個做事快捷的人，孩子卻偏偏屬於慢步伐一

族。還記得她小時候帶她上茶餐廳吃早餐，花了大半個小時的時間仍沒能喝完整瓶鮮奶。

「快點行嗎？我們趕時間呢！」

「媽，我已經盡力的了！」

這兩句對白，經常在這吃早餐的時段出現。後來發覺愈催她，她因為緊張，喝得更慢。最後，只有由着她，若真的喝不完我就將之喝光算了。

隨着孩子逐漸成長，我愈發知道二人的不同，除速度之外，還有喜好、脾性等。她喜歡較女性化的打扮，我卻鍾情套裝褲，她交友比較審慎，我卻是大情大性。小時候曾懊惱孩子為何總像她爸，現在倒欣賞她這副特別的德性，讓她可以從容應付身邊大小事情。

此外，更特別留意的是中文寫作。因為對我來説，寫文章是興趣也是順手拈來，但對孩子來説卻如拉牛上樹般辛苦。所以在她求學期間，對她的中文寫作我也格外寬容。

難道不想孩子學我嗎？當然想，但不能強迫。並同時提醒自己，孩子是獨特的，不是我的延伸。

媽媽的憂慮

友人問：「女兒嫁了，是否責任完了，一身鬆晒？」

表面看「是」，但實情卻是：養兒一百歲，長憂九十九。

孩子出世，我們會擔心他吃不夠奶，出街會着涼。孩子大一些，會擔心他手腳是否協調，是否懂得和同伴玩耍？至孩子上學了，憂慮更多。上哪所學校？功課應付得來嗎？老師偏心怎麼辦？

滿以為孩子唸到大學，憂慮會少了。也不！選什麼科？怎樣面對升學壓力？還有交友戀愛的問題等等，都是父母憂心忡忡的源頭。

好不容易等到孩子嫁娶了，又會想到小倆口是否「有飯吃」？何時會生孩子，怎樣照應等等。

誰說，母親的擔憂會減少？只不過在歲月流轉之下，非得要學懂的功課就是：別把憂慮放大。比方說，孩子一次默書不及格，別聯想到以後唸書就不行了，又或者，孩子只是不懂收拾房間，至於將來是否辦公桌很亂以致老闆會覺得他做事混亂是兩碼子的事。就算孩子今天沉迷打機，也不等於將來沒有出息嘛。

很多時候，咱們女性的聯想跟幻想力都很強，稍有風吹草動，或孩子面臨小小的挫折，如在學校「被老師冤枉」，就會生怕他弱小的

心靈受創，影響他的自我價值等等。

這不是説為人母的不能擔心憂慮，但要適可而止。到一個地步，要跟自己説：夠了，停了，到此為止。這也是我為人母一直對自己的提醒。

好像那年，孩子在所唸的大學宿舍發生搶劫事件，為人母的我當然會不住提醒她回家的路要小心。但也告訴自己，別多疑亂猜，因為十之八九所擔心的事情都是沒有發生的。

有時過度相信自己的揣測憂慮，反而是過分的保護，讓孩子經不起衝擊，不敢冒險，甚至弱不禁風，那對孩子肯定是壞影響呢！

除了打罵之外

十多年前，曾問過一位爸爸，孩子不聽話，他會怎樣？對方竟陰陰笑說：「用藤條打嘛！」

問他何以如此，老兄只是輕描淡寫回答：「小時候我不聽話，媽媽就是這樣追着我打，所以我也是用這方法啊。」

問題是，他的兒子已唸小六。打罵，真的有效嗎？我很懷疑。

聽過不少例子，都是愈打愈「勞氣」，愈打愈傷感情。孩子的反應若不是嚎哭，就是怒目相向，忍氣吞聲。老實說，很少聽過家長可以愈打愈冷靜，反而多是怒火攻心，愈打愈重手至失控者居多。

我們先要搞清楚，孩子是否真的不聽話？還是為人父母的我們，心情不好，碰上孩子偶而做漏了功課或回答不順心，就拿他來出氣。如不少媽媽就曾招認，某天碰上倒霉事，回家見到孩子沒做好功課，「火就來了」。類似這種打罵，其實不是孩子的錯，而是大人的脾氣失控。

至於懲罰，也要搞清是為何而罰？如果功課成績沒如期望，鼓勵他努力改正比打罵奏效。除非那是跟品德有關的，就需要嚴謹處理。

懲罰的方式也可以多樣化。

　　對年幼無理哭鬧的孩子，通常用的是「隔離」，將他安放在一個安全的地方，讓他平伏情緒安靜下來。

　　年紀大點的，可以用取消權利，就是不讓他玩最愛玩的。如不能打機，或減少他到街上騎單車的時間。

　　此外，也可讓他直接承受壞行為的後果，如忘了帶功課就讓他「欠交」（千萬別送功課到學校）；如不肯起牀誤了校車，就讓他嘗嘗遲到的滋味。

　　身邊友人更有一個有趣方法，就是「家務補償」。說穿了就是「家庭服務令」，如打破家中花瓶，就以「洗碗」補償，聽起來也是一舉兩得的懲治良方。

　　總之，打罵勞氣傷身，也破壞了親子關係，還是試試別的方法吧！

孩子的需要

這天，跟友人談到家長們對名校追捧的瘋狂心態。他卻告訴我，這世代的孩子也很聰明，懂得怎樣應對。

聞說有一個例子，就是媽媽處心積慮為孩子鋪路考進名校，但孩子不想。至面試的時候，校長問他：「為何會選這所學校？」人細鬼大的他居然回答不知道，還加了一句：「我只是聽媽媽吩咐來面試。」結果當然不獲錄取。

這說明什麼？就是許多時候，父母口口聲聲說「為孩子好」，卻並非孩子的想望或需要。

孩子需要什麼？最近讀一本名為《與過去和好》的書，內中提到父母要向孩子提供的五個A，就是關注（Attention）、接納（Acceptance）、欣賞（Appreciation）、情感（Affection）及容許（Allowing）。缺一的話，孩子成長之後就會從別的渠道（或人物身上）尋回。

所謂關注，就是父母對他的關愛與留意，特別是家中多了一個成員，孩子當了哥哥或姊姊時，更需要父母的額外關心。其實，孩子最怕的不是父母的責罵，而是「當他無到」的冷眼相待。孩子最在乎的，是回家第一眼看見父母的眼神，是歡迎他回來，還是漠不關心？

所謂接納，就是孩子無論怎樣不聽話，成績怎樣差勁，考進了次等的學校，父母仍全然接納，不看扁他。又或孩子踏進青春期，有他自己的衣着髮型品味，跟父母那套是截然不同的，我們可否接納他的打扮而不是老在指指點點？

所謂欣賞，就是看見孩子的長處潛能優點，加以讚揚肯定。當父母樂意這樣做的時候，正正是在建立孩子的自信與自尊。

所謂情感，就是擁抱親吻等等的身體親密語言，乃建立親子關係不可缺的一環。還記得家父在我們年幼時，堅持每個孩子都要親親他的臉說「晚安」才能回房安睡。別小看這些親暱的動作，正正是將親子扣緊的一個關鍵。

所謂容許，就是讓孩子去探索冒險，甚至讓他做自己，有自己的看法、品味、夢想等，而不是為父母完成未了的心願或做父母的「翻版」。

真心盼望，咱們父母在為孩子選校選興趣班這些硬件的同時，也顧慮到滿足孩子這五個基本需要。

不 敢 碰 觸 的 課 題

　　自殺這個課題，是傳媒跟家長都不敢碰觸的，社會更是。直至接二連三出了事，大家才警覺起來。過去政府就因發生了多宗學生自殺事件成立了「防止學生自殺委員會」，還出了一個《防止學生自殺終期報告》，顯示學生自殺行為是多方面的因素互相影響而成，讀了也算得到一個模糊的印象。

　　至於怎樣走進自殺者的世界，明白他們的處境，聽到他們的心聲，坊間談及的不多。直至幾個月前，在溫哥華碰到一些年輕朋友，大力推薦在Netfix推出《漢娜的遺言》影集，説是家長教育工作者非看不可的，便躍躍欲看。終於有機會，花了一個星期的時間，追完了十三集。看罷，心情沉重，難以稀釋。

　　故事的內容，是高中生克雷收到一個包裹，原來是一星期前自殺的同學漢娜寄給他的。包裹內有七卷錄音帶，克雷必須按着次序來聽，若不照做，錄音帶的副本就會被公開。而錄音帶的內容，就是步步緊迫地揭開漢娜自殺的謎團。

　　漢娜在錄音帶中，娓娓道來跟身邊的十一位同學（只有一位老師）之間恩怨纏綿的關係，當中有奪走漢娜初吻的，有惡作劇寫了一份名單嘲笑她的，有跟她展開一段青澀初戀的，偷窺她私隱的，借她鞏固自己萬人迷形象的，至最後是趁着酒醉傷害漢娜的等等。總之各懷鬼胎，戲中的友情愛情都很迷離短暫，讓漢娜徘徊於既親密又疏離

的矛盾之間，一步一步走向絕望。劇集中親子之間的冷漠對白，更是正中要害的精警，該可作為親子溝通的借鏡。

片集結束，還加一集幕後特輯，找來專家學者與眾角色剖析漢娜自殺的種種原因。畢竟，這樣不敢碰觸的話題，《漢》劇毫不忌諱地展示了，更是深深觸着年輕人的痛處。

看罷，最擔心的當然是香港的青少年看了會否出現漣漪效應？為人父母的，又如何在這個絕望瀰漫的劇集中，領悟多點跟青少年溝通的功課⋯⋯

媽 媽 的 情 緒

開學已經有一段日子了，孩子們該仍在學習適應之中，不過最難搞的，卻是媽媽的情緒。每天就隨着學校通告，默書考試測驗而起伏不定。

有媽媽告訴我，聽了無數次講座，什麼溝通原則她都耳熟能詳。但一見到孩子有字不願寫，有功課不肯做，她就無名火起三千丈。

「為什麼我的情緒這樣受制於孩子？」哈哈，她終於看見問題的關鍵。

很多人以為，情緒是要來就來，不能控制的。不！當然，每個人控制情緒的「功力」不同。所謂「功力」，是要練就回來的。

面對情緒的第一關，叫「認知」，就是知道自己處於怎樣的情緒之中。像正在閱讀本文的你，是開心滿足？還是失意落寞？心中有根刺耿耿於懷？還是充滿感恩？懂得欣賞孩子的好而欣慰，還是老挑他的問題毛病而擔心？

不錯，很多親子教養的書本說的都是千真萬確的道理，但很多時候知易行難是真的，但不代表不可行，更非不可以去試試。

既然困難，就從一小步開始。每天早上起來，安排好當天的行

程，給自己留一些空白的位置來放空（就是什麼也不做的純粹休息）又或者用來應對每天的突發事件（如老師要見家長）。

讓我們情緒受牽動的每一件事，總有其來龍去脈，要搞清楚才好回應。面對情理之爭，此時此刻，最好讓理性優先。特別是孩子跟同學間的紛爭，還是聽聽兩邊的解說，免得錯怪好人或搞僵了同學間的關係。我最愛做的就是先在腦海中演練一下可能發生衝突的一方（如孩子）的回應，先有最壞的打算，甚至想好回答的對白，讓自己早有心理準備。

如果還沒回家前，早察覺自己情緒壞透（就是會隨時找人出氣那種），就不要一回去就催孩子做功課，反而找些讓彼此都可以鬆弛的事情做做。聽過有一位媽媽就是跟孩子一同吃吃雪糕聊聊天，讓自己降降火，都是不錯的做法。

其實，情緒這個朋友，只要我們願意與之相交。不厭惡，不抗拒，久而久之，自然找到控制它的妙方。

孩子發脾氣了……

這天，在商場的餐廳中，聽到一個小孩在大哭。把傭人夾給他的菜丟得一地都是，但身旁的大人都沒有一個制止他。反倒說：「不吃就不吃吧！沒關係！」

但真的沒關係嗎？

很多家長都覺得孩子仍小，發發脾氣不礙事，遷就他一下也無妨。但這一代的孩子很聰明，知道發脾氣就是最好的招數，向大人予取予求，往後就會肆無忌憚。這類小孩長大了，就會變成一個蠻不講理、極難相處的人。這是家長們願意接納的後果嗎？

要了解孩子發脾氣的原因，其實不難，多是跟想得到的東西得不着，或被他人搶了去有關。年紀小小沒辦法清晰表達，只有用行動發洩。父母只要稍加引導，就能處理：

留意自己處理憤怒的模式：孩子會摔東西回應，是從哪裏學回來的？是我們嗎？咱們又曾否留意並學習平心靜氣處理個人的憤怒？如果我們一不合「心水」就大發雷霆，孩子便會有樣學樣。但若我們平心靜氣回應那些惹火的事，孩子自然從咱們身上學到一招半式。

冷靜堅定面對：千萬別還以大喊大罵，這樣的話孩子只會變本加厲。最重要的是個人情緒能安定下來，安靜不了就讓自己抽離一下，

待情緒平伏，才跟孩子好好溝通：「我知道你剛才很生氣，所以大喊大叫，但這種表達的方式，是我不能接受的。」然後問他想要的是什麼，再跟他討論，如解釋給他聽，不是凡看見喜歡的東西，都非擁有不可。

引導他想想別的方法：碰到不如意的事情，可以表達的方式很多。如把那些氣以「拍打皮球」表達，跟他到公園跑幾個圈來散散悶氣，用蠟筆在圖畫紙上繪畫出來（見過有小孩畫了一頭噴氣的巨龍）。或帶他離開生氣的現場，他就會「眼不見為不氣」，轉移他的注意力到他喜愛的事物上：「來！看看這隻麻雀在找什麼吃的東西？」又或者讓他坐上「安靜椅」，告訴他坐上去就是要學習安靜，待情緒平伏，爸媽才跟他好好聊。

別輕看孩子發脾氣。如果不從小教育，長大後受不了旁人挑釁，早晚會闖禍的。

媽媽好難當

這一代的媽媽，比起我們那一代，更難當。

難在，資源過剩，各家各說，讓人無所適從。如一下子說要鼓勵孩子，說他很「特別」，一下子又說不能讚壞孩子，其實他一點都「不特別」。

難在，這一代的孩子很精靈，因為他們的知識除了在學校老師那兒得來之外，絕大部分的知識是從網上學習而來。所以父母要管教這些「學識廣博」的孩子，殊不容易。除了不能一言堂之外，還要放下身段，跟他們多講道理，不能無憑無據要他們聽從。

難在，這一代的父母，承受的壓力着實比我們那一代大。上有高堂（有些甚至是患了重病要長期照顧的），下有青春期情緒不穩定的青少年，自己也步入情緒起伏的更年期，兩者相碰很容易「火星撞地球」，一起衝突更難以收拾。再加上踏入中年，事業開始走下坡，不知如何面對退休的老公等等，實在壓力一大鍋。

難在，上一代的恩怨陰影，如影隨形。現代很多人都知道上一代的教養模式，如怎樣打罵孩子，對金錢價值甚至名校的看法，都深深影響着咱們的教養方式。只是苦無出路，雖然嘴巴常說「我長大後一定不會像爸媽這樣對待孩子」，但總是事與願違，不想罵的話說了，不想打孩子的手打了……

　　難在，這一代的孩子要贏在起跑線。每天拿起電話，就會看到那些媽媽的WhatsApp group不停在討論，該送孩子去哪兒學數學，哪兒學什麼，總之現代小孩要十八般武藝都懂，弄到這一代的孩子很忙，媽媽管接送也忙得喘不過氣。

　　難在，這一代的媽媽都願意為孩子犧牲。她們為了帶孩子，犧牲了事業，犧牲了時間金錢，甚至個人夢想，就是為了孩子「好」。只是，孩子是否一定變好，對她是否如所期望的「好」，卻成疑問。

　　不錯，這一代當媽媽很艱難，但重要的是心中要有一個教養的譜，就不會被時勢牽着鼻子走，並要懂得在難中作樂啊！

心 的 連 結

　　這天，收到她的電話，抱怨身邊的好友不理她，孩子不聽她的使喚，辦公室的同事也對她不理不睬⋯⋯

　　電話掛了線，想起她總是埋怨扭曲的臉容，每趟電話都不是埋怨這就遷怒那，就算難得機會見個面她也總是匆匆忙忙。四目少有交投，更遑論心的連結。

　　聽過有人説，類似她這樣「失聯」（disconnected）的人，社會上多的是。別以為失聯的人只是無法跟別人連結，最糟糕的是跟自我都不連結。

　　最近在網上讀到一篇很有意思的文章，是一位心理學作家名叫Katherine Schafler寫的。文中提到四個隱形的問題，是測試是否與某人連結時需要自問的：

1. 你看見我嗎？Do you see me?
2. 你在乎我在這兒嗎？Do you care that I'm here?
3. 我夠好嗎？你想我變得更好嗎？Am I enough for you, or do you need me to be better in some way?
4. 從你看我的眼神，看得出我是你眼中特別的那個嗎？
   Can I tell that I'm special to you by the way that you look at me?

　　若這些問題我們的回答都是「是」，那代表我們與那人是深深連結。而問題中的「看見」，不是瞪大眼睛怔怔注視，而是真的讀到對方的心思意念，產生共鳴。看到對方珍惜在乎自己，而不是在敷衍打發。

　　舉個例，我們跟孩子或配偶聊天時，有否好好坐下來，看着對方交談？還是邊說話邊看手機，根本沒留意對方的臉部表情與反應？

　　這個「看見」，其實就是「活在當下」。

　　跟珍惜的友好聊天時，就不要顧着回覆WhatsApp，把手機放在一邊，好好聽對方的心底話。

　　跟深愛的孩子說話時，就好好注視她的雙眼，看看他的身形皮膚頭髮打扮有何特別改變，讓孩子感覺父母的重視。

　　至於年邁的雙親，他們更需要我們的凝視對話與體貼照顧。想想在我們年輕的日子，他們花了多少時間來養育我們。如今他們老了，讓我們用溫柔的眼神，向他們傳遞難以言表的關愛吧。

　　其實，家人的連結，只要有心，何難之有？

第四章

讓孩子展翅高飛

♥

貧乏的生活經驗

這天，問身邊的小學生：「會煮飯嗎？」

他搖搖頭，說沒進過廚房，因為媽媽不給。「媽媽只要求我好好讀書，說男孩子不用進廚房！」

原來如此。

又像那天，碰見好動唸小四的她，隨口問了一句：「有到過沙灘游泳，玩堆沙堡嗎？」

「游泳，試過的！堆沙堡，沒玩過！」

也許，她已不錯，起碼父母會偶爾帶她親親大自然，看看山水。有些孩子，恐怕連沙灘都沒去過。究其原因，不外乎怕孩子弄髒，又或覺得大海危險，不讓孩子去碰。

所以說這一代的孩子，在互聯網得到的知識很廣博，生活經驗卻是貧乏得很。

想想咱們那個年代，父母要外出謀生，孩子靠天生天養。每天的玩意多着，如到街邊跟鄰舍的孩子玩捉迷藏，學懂怎樣穿來插去躲避車輛，找尋匿藏的地方。假日一到，老爸就會放孩子在日曬雨淋的海

邊堆沙堡，拾貝殼，抓螃蟹。有好幾次還被螃蟹咬傷了手指頭，也是自塗紅藥水療傷。

這年頭，問孩子抓過螃蟹沒有？沒有。試過騎腳踏車跌傷腳沒有？沒有。

像那天在寫作班上出了一個名為「第一次」的作文題目，叫學生們寫寫一些難忘經歷，如受傷跌倒、騎腳踏車之類，怎知大家寫得最多的竟是「第一次坐飛機」。至於損手傷腳的經歷，又或冒險探秘的旅程，皆乏善可陳。

不錯，這一代的父母很愛孩子，更對他們保護周全，讓孩子在無痛無苦的環境中長大。但那些真實的、痛苦的、不快樂的經歷，每一椿都可以鍛煉孩子的解難能力，增強他們的逆境智商，甚至學習情緒的控制等等。只可惜，在父母的巨大保護罩下，他們連嘗試這些生活經驗的機會都被剝削了。

我的志願

前陣子有調查研究顯示，高小學生心儀的志願榜首，竟然不是父母心目中的醫生、律師、會計師，而是明星、運動員及遊戲設計師。而當中男生最嚮往當遊戲設計師，女生則渴望當明星或歌手。

有趣的是，那些受訪學童被要求去估計父母期望他們從事的職業，結果「三師」上榜：醫生、律師及老師。而有四成受訪者更估計父母的期望跟自己的志願「並不相同」。

坦白說，這結果讓我感覺意外。父母想孩子成為「三師」，這可是咱們那個年代父母的舊調。也因為這樣，本來打算唸中文的我，被迫去了外地唸數學，因父母覺得在外國「主修數學」比留在香港「主修中文」說起來「好聽」嘛。怎也沒想到曾受過這種舊調的思想毒害的咱們，會將此調重彈，重蹈前人的覆轍……唉！

也聽過有家長跟我說，孩子太小，怎知道他的志願是什麼？

最近讀了一本有趣的書，叫《人師的第一個作文題目——幫孩子找到理想的「我的志願」》，裏面羅列了童年期、青少年期及初入社會期引導孩子探索職業選擇的問題建議，還有貼地的職業決策與自我評估等。

別以為孩子唸小學，便無從知道他長大後要當什麼。書中就提

出多項建議，如請孩子用圖畫繪畫出正在做自己喜歡的工作的模樣，或了解孩子在學校中最感興趣、最拿手的科目是什麼等等。這些都是一些蛛絲馬迹，幫助我們了解他們的職業取向。讓孩子找他的專長熱愛，鼓勵他追求個人志願夢想。

　　記得女兒年幼時，我觀察到她熱愛環保，又對數學特別有興趣，便跟她一同探索從事環保工程的可能。現在她已是一位環保工程師，熱愛自己的工作。坦白說，能成為孩子志願夢想的推手，看到她今日夢想成真，志願得償，這才是父母最大的滿足呢！

嫌阿媽醜！

一位媽媽告訴我：唸五年級的兒子嫌她醜，不許她送上學，問我怎辦？

我打量一下這位媽媽，一點都不醜。身材適中，笑容滿臉，除了沒有化妝之外，不能以「醜」去形容。所以，我沒有認同她兒子的描述，反而好奇想知道，孩子心目中的美跟醜，是怎樣定義的？

「其實，他是見到同學的媽媽打扮時髦，又化了妝，看見我穿着普通，就覺得我『影衰』他吧！」這可能是兒子的想法，也可能純粹猜測。

「那你同意嗎？」她點了下頭。

這才是問題。到底，是否化了妝就代表美，不化妝就被說成是醜？當媽媽的可以趁機跟孩子談談「美的教育」。又或告訴他，這世界有一種美，叫自然美，就是媽媽現在的樣子了。

不過，想深一層，孩子嫌媽媽醜，會否只是個想獨立上學的藉口。特別是五六年級的男生，不少已長得牛高馬大，臨近青春期的他都總有一種蠢蠢欲動的慾望，想放開媽媽的手，自己的路自己走。

也聽過一位男士說，快到青春期的他若被同學見到他仍黏着媽

媽，要她送返學，是會被同學取笑的，所以想盡千方百計阻止，以免自己在同學面前丟臉。

當然，還有另一個版本是，「說媽媽醜」的話，其實是出自另一位同學口中。那位同學就是愛這樣挖苦別人取樂，完全不顧別人的感受。如果查明屬實的話，就叫孩子以不理不睬來否定他的說法，更不用因此被激怒，因為他說的「並非事實」，告訴對方「我媽漂亮得很」是最美麗的回應。

只是咱們女人的神經都非常敏感，孩子一句負面的說話，就把我們本已脆弱的自尊壓至破碎。也許孩子只是不懂表達隨口說說，我們就大人有大量，別把他的無心之言放在心上。看看孩子在其他時候的表現，還是「媽媽！媽媽！」的叫個不停，根本沒有其他證據證明他是嫌棄。

不過跟那位媽媽話別的時候，我忍不住說了一句：「孩子愛你，也請你好好愛自己。說不定孩子是為你好，故意刺激你去化妝打扮，不妨試試啊！」希望她聽得懂，也跟着去做啊。

孩子在旅途上

　　一直不大愛參加旅行團，所以孩子小時候，一年一度的暑假旅行，都是一家三口策劃的。

　　記得每趟旅行前，就會跟孩子上網或買一本旅遊書，大家各選所需，比方說到哪個博物館，逛哪間書店，去哪個較少人的旅遊熱點，怎樣將所有喜好集成幾天旅程，然後編一個日程表，孩子的爸則負責旅館機票的安排等等。總之每個人都有自己要承擔的責任。

　　友人常問，為什麼不參加旅行團，什麼都有人安排。但我偏偏不想，因為這就失卻了旅遊的真正樂趣：就是探索冒險。

　　旅行團是每一個景點，每一處餐廳，都已經安排好。旅行回來的照片，你的跟我的都是背景差不多，只是換了人物罷了。總是覺得真正的旅行是邊走邊探索，讓一家人在未知的不安與發掘新事物的樂趣中，學習平衡。

　　至於在旅途上一家可以做的事情多着。除了每天早出晚歸，遊山玩水，盡享愛到哪兒拍照就到哪兒、愛在哪所書店停留多久就多久的自由外（若超時就減掉下個行程），也多了一家喝咖啡聊天的樂趣。

　　記得孩子小時候，就鼓勵她與其每到一處地方買千篇一律的紀念品，不如專一搜購。起初是鼓勵她集郵，怎知她興趣缺缺，最後發現

她酷愛文具，便鼓勵她成為「橡皮擦收集專家」。直至今日，在各地買回來的橡皮擦已滿了一個膠盒子啦！

此外，就是慫恿她去找人問路問旅遊詳情，好讓她在學校學的普通話跟英文可以大派用場。所以到台灣旅行，逛動物園想看熊貓，她就要去查探到底怎走。到溫哥華看水族館表演，她就負責查探海洋動物表演的時間表。

不過我最愛看的是，每天旅程回來，孩子就會拿出我買給她的剪貼簿，巨細無遺地將旅程的感想點滴，還有看到的東西、單據等等，都寫下、畫出來、貼上去，並寫下當時的觀察感想。如今母女倆有機會仍會拿出來看看笑笑，仍在回味，這才是真正難忘的旅程啊！

媽媽請放手⋯⋯

　　見過很多捨不得兒子長大的媽媽，但兒子卻偏偏要長大，這就是矛盾所在。兒子長大了，最明顯的特徵就是擺脫媽媽的監管。

　　言談上，媽媽問：「今天學校發生什麼有趣的事情啊？」聽到的回答就是：「沒有！」

　　行動上，盡可能甩開媽媽的手。所以，他會要求自己返學。到五六年級，更要求媽媽讓他到同學家裏玩，甚至過夜。因為是兒子，很多媽媽衡量過後，都覺得可以。但逐漸發覺，兒子好像愈來愈跟自己疏離。那種感覺對女人來說，很難受。

　　「為什麼以前他總是喊媽媽幫他，現在卻總說要『自己來』。難道孩子不需要我嗎？」

　　好一個「不需要」，就足以把母親的心情拖進谷底。

　　「經過多少捱更抵夜才把他湊大，怎知道現在羽翼漸豐，就不要媽媽了！」一位媽媽曾這樣哭訴。

　　其實，孩子長大了要甩掉母親照顧的手，是很正常的事。若母親還像照顧嬰孩那樣對待青春期的兒子，為他張羅一切之餘，更事事為他作主。久而久之，可能就出現了事無大小都順從母親意見的戀母情結。

　　不知道自己會否過度溺愛操控，以致讓兒子成為「媽咪boy」？請自問一下：

- 孩子的衣服鞋襪都是由妳決定包辦嗎？
- 孩子的心事只會告訴你嗎？還是他有其他知心友？
- 孩子已經生得牛高馬大，仍很怕冒險，因為牢記你的叮嚀，就是「危險，別試」嗎？
- 孩子作許多決定的時候，都一定問妳的意見，且要取得妳同意，他才決定？
- 孩子「開口埋口」都説是「媽媽講」的嗎？

　　還有的是，孩子成長以後，就別再喊他的乳名，特別當着大庭廣眾。常聽到有些媽媽對着兒子，就像見到了情人似的癡纏，句句「豬豬啊豬豬」的喊。兒子聽着，臉漲紅了，感覺是抬不起頭。

　　有姊妹跟我説，辛辛苦苦把兒子養大，卻忍受不了他今天的冷酷疏離。但事實擺在眼前，兒子長大了，需要拍翼展翅飛翔的空間。媽媽們，願不願意放手讓他們飛呢？

快媽媽慢孩子

身邊的人都知道，我是個性急的人，外子也差不多。説話快，走路快，辦事也快，上天卻很幽默地給了咱們一個慢女兒。

先説一頓飯怎吃吧？通常，是外子三扒兩撥就完成，然後已翹起二郎腿在沙發上看新聞。那時，我還在「扒飯」，而女兒還在喝湯。（我們家的習慣是先喝湯才吃飯的，所以她仍停留在晚餐的第一道）

記得女兒年幼時常説：「爸爸媽媽可否吃得慢點？等等我好嗎？」只是哀求歸哀求，「快人快吃」的我倆，就是改不了。

所以嘛，一個快媽媽，生了一個慢女兒，衝突可多了。

就説功課吧！我一看她的作業，就估計該可半小時內完成，卻往往要耗上一個小時。更別説對我來講相對容易的寫作了，看她寫一篇文章就對着發呆一句鐘，我就會心焦如焚，嘴巴也不受控起來：「可否快點嗎？明天就要交啦！」那時最大的誘惑，就是動筆幫忙，還好只是想法，最後清醒過來知道這是孩子的學習跟功課，做阿媽的可以從旁提點讓她思考，這樣她才會學到該學的知識技能。還有的是，細察她的做功課節奏，把做功課的時間延長。後來，看着她一筆一劃在寫，正是慢工出細活，字體比我工整多了。後來更逐漸發覺，她的慢與小心謹慎，正是她學習的優勢。

　　另外就是每天出門了。一個匆匆忙忙，對着一個拖拖拉拉，若那天睡眠不足，就更容易「扯火」。為了杜絕不必要的衝突，每天晚上就會跟孩子準備好明天的功課，要穿的校服，要帶的物品等等，不要出門時臨急執拾，否則就一定會掛一漏萬。

　　當然，隨着孩子步入青春期，不知怎的她的節奏也開始快起來。而我這個媽媽步入更年期，身體出現諸多不適，不知怎的步伐也開始慢下來。然後奇妙地，我的慢配合上她的快，竟然愈來愈合拍。

　　如今孩子已嫁人，先生也是一個快步伐的人。那天在飯桌上，看到他吃得慢吞吞的，陪孩子一起吃。看在眼裏，有種老懷安慰的釋然。

孩子的夢想

那個下午，第一次跟女兒「拍住上」，一同在講座中與一羣家長分享「給孩子一雙夢想的翅膀」這題目。心情既興奮又緊張。興奮的是，終於可以親耳聽到孩子分享父母在她追夢的過程中，是如何陪伴影響她的。緊張的是，母女同台的第一次，會擦出什麼樣的火花⋯⋯

我的分享不外是怎樣接納陪伴孩子尋夢，至放手讓她遠走他鄉。至孩子分享了，我發現自己竟然緊張起來，全神貫注地看着她。聽她娓娓道來當初對環保的熱愛，媽媽笑她愛收集垃圾，但又送她有關環保的書培養其興趣。至想申請到美國唸大學，卻遭媽媽「冷」待：要求她獨自找學校，最後更是獨自上領事館拿簽證。起初她覺得難以理解，最終卻明白：「若現在事事都要媽媽陪着，將來怎樣到外國獨自生活呢？」

不知怎的，聽到孩子的分享，心中充滿了一種「老懷安慰」的滿足。然後，就輪到問答的環節，不少家長表達對這個世代孩子的困惑：

如夢想時時改變，一下子說要當太空人，沒多久又說要當運動教練等。其實孩子年紀還小，不知道自己最喜歡的是什麼，常被周圍的人或網媒影響。為人父母的聽聽就是，別太認真。

如他們縱使有多宏大的夢想都好，總是不肯好好唸書「拿個學

位」再說。只是父母愈這樣說，孩子愈聽不進去。特別那些對唸書失卻熱情的孩子，父母愈催逼，他們愈反彈。反而投其所好，問他們真正的興趣是什麼，鼓勵他們去鑽研，比天天跟他說「好好讀書」有效。況且，這個年頭奉行「終身學習」，他們先拿些工作經驗遲些再唸大學也未為晚。

如他們根本「沒有夢想」，其實也不為過。現代不少年輕人都是多元興趣多線發展，他們口中的「沒有夢想」只是暫時不知道而已。等等吧，總有一天他們會知道的。

坦白說，孩子長大了，他們尋找夢想的過程中，父母只需要旁觀鼓勵。必要時，推他們離開父母向前衝，孩子才能高飛啊！

過度聽話的孩子

　　小玲自幼都很聽父母的話。爸媽叫她去東，她從不敢往西走。至入了小學，也是班上乖巧的孩子，老師眼中的班長。但不知怎的，升到小六的這年，父母發覺她性情大變。

　　好像叫她快點做功課，不要跟同學聊天。她就會給一張黑臉媽媽看，然後一聲不響回到房間，把門關起來。又好像每個星期天的家庭聚會，她總是找個藉口不願奉陪。小玲的媽向我抱怨說：孩子有毛有翼了，變了，不聽話了。

　　聽到她這樣說，我忍不住回應：「你仍想孩子聽話，像小時候那樣，你叫她做什麼，她照做如儀嗎？」

　　「這……也不是！」

　　父母都總愛孩子聽話。最好是叫他行就行，坐就坐，站就站，吃就吃。只是孩子不是機器，愈長大就愈不聽使喚，這是父母一定要接受的事實。因為孩子開始獨立了，有自己的想法，更重要的是有自己的朋友圈。不再像個事事都要爸媽出頭的孩子，那不是好事嗎？

　　不錯，我們都想孩子聽話。問題是，孩子身邊講話的人多的是，上一輩的如公公婆婆、學校的老師，還有同學朋友，當然還有父母。是否聽話順從就是乖孩子？而更重要的是，父母的話一定「絕對」，

還是可以有商有量呢？

　　面對這樣的父母，我的問題反而是：我們想塑造一種怎樣的家庭氣氛？是「一言堂」父母說什麼都得依從？還是讓孩子可以回應，一同衡量利害對錯，引導孩子明辨是非？

　　記得孩子年少時，我最愛用的就是正面與負面的分析表。比方說，她想參加一個訓練班，但價錢昂貴，我就會跟她討論，做這件事的正面好處是什麼（如增加自信、培養獨立能力），壞處是價錢很貴，且不一定合適孩子的個性（因她較膽小，太刺激的活動是否最能培養她的獨立自信），接着就是如果不選這個活動，有何活動可以代替。結果，我在那個假期因傭人請假回鄉，就教她學會做家務，培養獨立自理的能力。

　　當然，有些父母擔心，若孩子真有自己想法，那會否不再黏着或需要父母呢？這是為人父母恆常面對的問題，孩子總會長大，總有一天看着他嫁娶，這代表我們失去他嗎？還是責任完成，該老懷安慰呢？大家好好思考吧！

孩子想我陪？

這一代的家長，很緊張孩子的學習與功課。所以聽聞，不少雙職媽媽會在孩子考試那段日子請假，為的是陪太子溫書。

但若問孩子，「你是否想媽媽陪你溫習？」都會聽到他們支吾以對，或搖頭嘆息。為什麼？試問誰會喜歡溫習的時候，有人在旁指指點點的。當然，也有例外。

像這天碰到的她，就在訴說孩子考試期間，需要媽媽的陪伴。

「他就是喜歡我陪着。總之我在，他就會乖乖溫書。」

聽來，好像兩廂情願，那她的問題是什麼？

「但我不想一直陪着他，快升上中學了，還要媽媽陪讀，怎可以？」

聽來，也很有道理，便跟這位媽媽討論怎樣可讓孩子獨立溫習，如：先幫他圈出課文生字，或熟習數學的演算題，訓練孩子抄課堂筆記等等。怎知她回應道：「其實我什麼都不會，孩子是懂得自己溫習的，但硬是要我坐在他旁邊就是！」

「那就讓他試試獨立溫習啊！」

「不行，試過讓他獨立溫習，拿到的分數很不一樣！」

那分數是……

「我陪他的話，有100分。不陪的話，95分！」

原來是這樣。聽得出，這不是孩子的問題。對孩子來說，100分或95分，都不是大問題。對媽媽來說，她的矛盾是：「陪」就拿100分，也代表着孩子「非媽媽不可」才拿高分。但也知道再這樣陪下去，升到中學她可能會「失去自由」.

坦白說，這正正是不少媽媽的矛盾：「既渴望孩子需要我，又想孩子獨立。」

這也是我常自問的：到底，我渴望孩子將來變成怎樣？是天天喊「媽媽」，需要媽的愛顧保護，還是他逐漸脫離父母的蔭庇，懂得照顧自己，自主學習跟日常生活的自理呢？

孩子想媽媽陪？年幼的時候，是好事，也是必要的。

但當孩子逐漸成長，他該甩脫媽媽的手，開始一步步學走路，就是走出自己的路，走出達成夢想的路。他會跟媽媽說：放心，不用陪我，我可以獨自應付了！這才是媽媽的遠景啊！

失 敗 的 滋 味

這一代的孩子，很不容易才嘗到失敗滋味。為什麼？因為：

若選不上校隊，父母會催谷他練習，直到他選上為止。

若被同學排斥，父母會到校投訴，説孩子被人欺負。

若上學不開心，壓力太大，父母會為他轉一所少點壓力考試的快樂學校。

孩子説難，父母就會就範。

孩子説苦，父母就多給甜頭。

孩子沒自信，父母就盡量安排活動興趣班，參加這個那個比賽，讓他贏取獎項，取回自信……

這一代的孩子，習慣了成功，習慣了順風順水，習慣了大小事情都有人安排。很少嘗過的，是失敗的滋味。

在史丹福大學當新生輔導主任的朱莉・李斯寇特－漢姆斯（Julie Lythcott-Haims），見盡不少新生如何依賴父母幫忙，失去獨立自主的能力，甚至連簡單的生活技能也欠奉，遂寫下了《如何養出一個成

年人》一書，直指「過度教養」帶來的禍害。她在書中提出父母的三種「過度」：過度指導、過度保護、過度涉入。這三種錯誤，普世父母皆會犯，何止北美！

這是一本立論清晰，並「落地」有聲的書。當翻閱到其中有關訓練孩子的細節，邊讀邊會心微笑。如生活基本技能，並附上十八歲必須有的能力清單（如與陌生人交談、有能力找到他的道路與方向、有能力處理各種起伏、人際問題、管錢等等），不正正是現代青少年所缺乏的方向嗎？

孩子愈長大，愈會經歷失敗，這是現實。即使他多「聰明」，還是會遇上無法抗拒與勝過的對手，「一山還有一山高」乃是不爭的事實。試過跟成績出色唸名校的她聊天，怎料她對稱讚她「出色」甚為反感，因為「到了那所有名的大學，才知道『叻』人比比皆是，我根本不算什麼！」

在孩子成長的過程中，那些被瞧不起、排斥、老師偏心、被冤枉、被忽視等等的經歷，都是對未來的一種預備跟磨練。容許失敗與挫折出現在孩子生命的父母，其實是為孩子未來的人生做最好的準備。

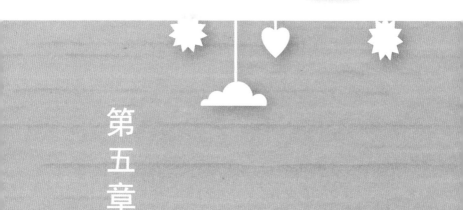

第五章

孩子的求學路

進不了神校又如何

最近才知道，家長組中有人稱那些心儀的學校為「神校」，說穿了，就是大家對夢寐以求的「名校」另一個稱謂罷了！

進「神校」誰人不想，問題只是，天是否從人願，還是事與願違？其實大家心裏有數，是後者居多。

所以，每年一到選校旺季，總碰到一些憂心忡忡的家長，緊張的問：有什麼辦法可以讓孩子考進神校A？上面試班嗎？成績運動俱佳嗎？還是靠人事？有些家長甚至每天等校長放工去「哀求」！

真有用嗎？不見得。更多時候感覺沮喪的是，用盡方法也沒效。能夠做的便是給家長們一些另類看法，安撫他們失意的情緒。不妨試試從這四點想想：

1. Assurance把握：在現行教育制度安排下，無論孩子的條件怎差，總有一所學校收他（只不過非神校而已）。其實，從不反對家長為孩子申請「神校」，但一定要有一兩所「次」心儀的學校「打底」，加上填了派位表，保證萬無一失。

2. Belief信念：滿以為孩子考進神校就前途無量，是一個錯誤的信念。一直覺得孩子就如種子，學校如土壤。種子要找到合適的土壤，才能茁壯成長。名校的讀書壓力及同儕間的競

爭，跟孩子的性情是否吻合？衡量一所學校，除了功課考試成績排名之外，其他如校長的帶領、師生比例、學校強項及對學生品格信念情緒智商的栽培等等，缺一不可。

3. Calm鎮定：父母的淡定，是孩子面對逆境的定心丸。倘若真的考不上神校，我們怎樣告訴孩子，是怪責他面試不合作落得如此下場，還是告訴他「這也是家很適合你的學校」？這是兩種截然不同的態度。

4. Dare勇敢：一直相信，孩子天生有一種面對逆境的潛能。當父母願意放膽讓孩子去試去闖，說不定在這以為是「次等」的學校經歷，孩子可以自己闖出一個「出頭天」。

親愛的家長們，孩子進不了神校，未必是絕路。說不定在另一片天空裏，他的潛能特質可以發揮得更淋漓盡致呢。

老師的評語

又到派成績表的旺季。這天，一位媽媽很擔心地跟我説：「兒子的成績單派了回來，老師説他上課不專心，寫字又慢，理解力也有問題。你説怎辦？」話沒説畢，她已泣不成聲。

「孩子幾年級？這學期拿到的成績還好嗎？」

「小一。成績中等，不算太差！」

聽起來，讓媽媽最擔心的是「老師的評語」。而且，孩子剛從幼稚園升小一，又是一個適應期。父母需要多點耐性觀察，一個學期的成績不能作準。但「老師的評語」卻往往是讓父母心情跌至谷底的關鍵。

那就讓我們看看老師的評語是怎樣一回事吧！

首先，每一位老師要教的學生不少，咱們的孩子可能是他每天接觸的眾多學生的其中一位。就算是班主任，孩子也只是一班幾十個學生的一個。除非老師的記性超好，否則，他對每一個學生的印象多是粗略的。除非那個學生表現超好，或上課時愛跟老師頂嘴之類，老師才會有深刻印象，否則都是平平無奇、模模糊糊居多。

其次，老師見家長，家長也一定想知道孩子有何可以改進的地

方，這是常態。老師挖盡心思，也要寫出一些觀察看法以作交代。若老師只讚不彈，家長可能以為老師敷衍了事（這也是家長曾向我如此反映的）。正因如此，我對那些用心寫評語的老師，致以萬二分的敬意。

到評語寫了出來，家長如何解讀才是問題所在。據觀察聽聞所得，很多老師寫的評語總是優劣並重：既欣賞孩子的優點，也會指出他的缺欠（有些含蓄指出，有些直斥其非）。為人父母的，對着老師的評語，也要賞責並存。不能單單指出孩子的缺點，而忽略他的過人之處。

而老師指出孩子的缺欠，也是他在課堂上的觀察，不一定全準。為人父母的，最好將孩子在家中的表現配合來看。如說「孩子害羞」，但帶他外出時卻主動跟人打招呼，可能他只是對着老師「怕醜」而已。

怎樣說，老師的評語也只是一種觀察，宜以平常心對待，別因一句話就定了孩子「死罪」啊！

轉 校 的 疑 惑

　　這天，一位媽媽跟我說：兒子在班上被同學欺負，告上老師那兒。但老師愛理不理，孩子難過極了，自尊心受損。最後的問題就是：「該幫他轉校嗎？」這也是我始料之內的。

　　為什麼？因為現代父母都愛順着孩子意思，都怕孩子快樂不起來。所以在學校碰到什麼挫折，最先想到的是「轉校」，滿以為換了環境，就可以一了百了。

　　但事實上，是這樣嗎？

　　「你覺得他換了一所學校，就一定沒有同學欺負他，老師也疼愛他嗎？」我是單刀直入的問。

　　「這……不敢說！」

　　其實，孩子轉校與否，該是最後一着。這位媽媽眼前面對的，是孩子怎樣在羣體跟同學相處的問題。

　　她有否問過兒子，同學為何選上他來欺負呢？又是用怎樣的方法來欺負他呢？是身體，還是言語的侮辱？抑或是孩子個性太敏感，受不住同學開玩笑？這些都是值得探討的。

　　若真的想跟孩子多談「團體生活」的適應，閱讀奧斯卡・柏尼菲的《團體生活，是什麼呢？》一書是個不錯的選擇。此書透過孤獨、尊重、同意、工作、權威等六個向度，加上每章問題的思考，如「為何要尊重別人？」、「一定要同意別人的看法嗎？」、「大人跟小孩是平等嗎？」等，讓家長跟孩子好好坐下來討論。

　　至於轉校這樣大的課題，除非孩子真的很難適應，情緒出現很大問題，家長又跟校方商量過，共同努力過而沒法改善的話，才考慮吧！

　　當然現代家長讓孩子轉校，除了孩子能否適應學校功課生活外，還想「轉到更輕鬆快樂的學校」，或「更有名的學校」等考量。不過最重要的，還是跟孩子商量，這到底是我們的心意，還是孩子也同意？認識一些孩子，長大後因為不懂中文，開始抱怨父母當年為何送他們進本地學校，讓他們學好母語？也見過一些年輕人，被父母「安排」轉校，卻對本來唸的學校戀戀不捨……

　　「轉校」不同「搬家」，是大問題來的。請家長們三思！

家庭是孩子的第一所學校

跟媽媽們聊天，纏繞她們最多的問題，都離不開孩子的學習。

她們的掙扎是：該否讓孩子上補習班？該怎樣讓孩子自動自覺做功課？如果孩子在某科成績特別差的話，可以怎樣改進等等，都是跟分數成績掛鈎的。

如果以釣魚比喻學習，問題就是：到底該給孩子魚竿，還是把釣好的魚給孩子吃？更根本的問題是：怎樣讓孩子愛上釣魚？那我們享受釣魚嗎？如果我們不享受，又怎能對孩子強求？

其實，孩子從小學習的處境，除了學校以外，就是家庭。而所謂的「學習」，不是指做功課，預備測驗，或死背課文，當中還包括了對問題的好奇，追尋答案的過程，還有找到問題解決方法的樂趣等等，缺一不可。

怎樣推動家庭學習，卻是少談的課題。愚見認為，要訣有以下幾個：

不要立刻給答案：孩子是充滿好奇的，常會問這問那，就順着這個「勢」，跟他一起探索。曾聽過有媽媽帶孩子參觀藝術展，當中看到一個紙做的小錢包，孩子很喜歡，媽媽就説「不如一起試試做」，跟着帶孩子到圖書館找資料，買素材製作小錢包去。

多帶孩子出外吸收：一有空就帶孩子往圖書館、藝術館，看展覽、接觸大自然等等，若出外旅遊的話也帶他多參觀認識當地文化（別只看那些指定觀光點），讓他盡量吸收外界（課本以外）的知識，也是增廣見聞的大好時機。

父母對求知的樂趣：父母在家中有否閱讀的習慣，又或者對一些「新課題」的求知慾，如對互聯網或社交媒體的新發展有濃厚興趣，又或讀到一本新書就跟孩子分享箇中新角度等等。記得我媽媽生前就是這樣的一個人，對一切未知的事物，周遭的人都充滿濃厚的興趣，常不停讀書及跟人聊天，也造就了我今天極愛求知的個性。

無論怎說，家庭就是孩子的第一所學校。為人父母的咱們，就是孩子接觸的第一位老師。我們怎教導，孩子就怎學習。這責任是不容外判的。

愛閱讀，就會寫作？

這天，參與一項推廣閱讀的活動，見到她帶着兒子前來打招呼。

「我的兒子很愛閱讀，常常書不離手。問題只是，他讀了很多書，卻認得很少字。學校的老師都這樣説。」

愛上閱讀的人，是否一定懂得寫作？總覺得會有一點幫助的。起碼他比其他不閱讀的孩子，每天看多了很多書，那些字就算不全記住，也總有「一些字」記得吧。

「那為什麼他寫不出來？」可能是他正在私藏這些文字的「秘密武器」，有一天會使出來。可能他早有武器，但不知道功用何在，便不懂得使出來。又或者，作文題目跟他感興趣的事情（或與生活）無關，也會讓他感覺下筆艱難的。

世上有一種學習秘訣叫「開竅」，我是深信不疑的。在過去當寫作班的老師十多年，就曾見識過不少學生（特別是男生），平常作文是「一句起兩句完」，但碰上他感興趣的題目，或被老師欣賞鼓勵過，就突然靈感如泉湧，可以洋洋灑灑大寫文章。也有些孩子，因為沒有人引導，縱然內有墨水也苦無用武之地。

這個早上，見到這位媽媽皺着眉頭的模樣，忍不住跟她的兒子聊起來。

「瞧！這幅圖畫的主角，正在手指指的在幹什麼？」

「他在罵人！」

「你猜他在罵些什麼嗎？」

「他可能罵他們不乖……」

「如果不用『罵』字，還有別的字可以用來描述嗎？」

「有啊，可以用『不應該』……」

談了一下，一點都不覺得這孩子不懂描述，或者詞窮。只是旁邊的引導不夠。

為人父母的，總有一個既定的框框，把孩子套得牢牢。但孩子的世界跟腦袋就是充滿創意想像，只要我們願意放下身段，投入他們的世界（特別是閱讀世界），他們樂見爸媽對他們有興趣的事情感興趣，便會願意跟我們多合作溝通。

始終相信，閱讀與寫作是雙生體。愛閱讀的人，總會有一些心儀的作家，並會從中受他們的寫作風格感染，耳濡目染之下，怎也學到二三分功力。咱們就用多點耐性等待，孩子將所讀所學的「顯」出來的那天吧。

功課的「質」與「量」

這陣子，聽到不少家長跟我抱怨說，每天下班回家的苦差，就是「陪孩子做功課」。

「每天六七樣不等，有時坐到三更半夜，什麼親子時間都沒有！」

「我的孩子就是不喜歡做功課，草草了事！怎行？」

那如果沒有功課呢？

「那又不行，孩子怎知道自己學懂了什麼？」

別以為家長不知道功課的好處，咱們只是對功課的「量」跟「質」質疑。

「量」就是能「減少」。每天該有幾樣功課？用多少個小時完成？或所有功課在學校老師督導下完成，回家就可以輕鬆一點，多一點親子時間？學習與做功課的進度因人而異，用「時限」來規定就得看家長如何「計時」，怎算「超時」，還不如好好思量怎利用那段「有餘」的親子時間，讓孩子自由去玩，還是帶他去涉獵不同領域，誘發他對不同課題的學習興趣？

至於「質」則是一個更難解決的問題，到底是讓抄寫背默死記的

功課減少些，增加多些讓學生可以自主發掘探索的課題？但如果他辭彙也懂得不多，基本功也不好的話，又怎能將自主探索的領域融匯貫通表達？

記得讀過保育英雄珍古德的童年故事，説她某天逃學跑去看母雞生蛋，被媽媽發現後非但沒有罵她，還追問珍學會了什麼，更鼓勵她與人分享。怎知道珍只愛動物不愛讀書，所以辭彙有限，珍媽就藉此機會激勵女兒好好唸書，才能把所熱愛的事物與人分享。這個故事我一直銘記於心，也藉此鼓勵父母明白孩子有熱愛是好的，但也要學會基本語文思考表達的能力才行。

還有的就是，做功課的態度。如何在一字不錯（甚至工整不寫出界）與隨便隨心完成之間取得平衡？認識一些家長，對孩子的功課全面督促，不容絲毫錯漏，默書拿了95分仍覺不夠，要孩子做足100分，讓孩子備受壓力。

功課，沒人愛做，但又非做不可。我們都知道透過功課，可以衡量孩子是否學會課堂所講，甚至延伸學習，或者約束一下人慵懶的本性，也教導孩子學會負責。在討論功課的質與量背後，更大的課題是，如何鍛煉孩子自動自覺，學習獨立負責，這才能令孩子一生受用呢！

拒絕上學

　　小君是獨生子，自幼就備受寵愛，父母也對他寄望甚深。做作業，要求他字字整齊，考試更是要求他名列前茅。稍有退步，即限制他打機及出外玩耍時間，務求他把所有心思都用在追求高分上。因為在父母眼中，進名校拿高分才是成功，其他的就是失敗，責難他未盡全力。

　　起初，小君也不負父母所望，小學的時候成績總是全級最高分的幾個。但升至中學後，學科深了，功課多了，課外活動也參加了不少。隨着學習難度和功課壓力的增加，小君有點應付不來，成績開始大幅滑落。

　　有天，他突然跟父母說「頭很痛不想上學」了。起初，可能偶爾一兩次，往後卻是愈來愈頻繁嚴重。這一年，他甚至把自己關在房間，不停打機。無論父母怎樣追問，他都不回答，更不願意上學……

　　類似小君的故事，這些年間愈聽愈多。父母大概也詫異，從沒想過往常只發生在幼稚園小孩身上的「拒學」問題，居然出現在青少年的孩子身上。

　　年幼的孩子懼怕上學？因為怕陌生環境，怕離開父母，怕分離焦慮。那青少年的孩子，又為何拒絕上學？

　　拒絕上學的定義，就是指「有動機或故意拒絕上學」。而青少年拒絕上學的表徵，通常都會以身體不適為藉口，如頭痛、腸胃痛、頭暈伴隨失眠等。起初只是缺課一兩天，但往後會愈來愈頻密，直至完全拒絕上學。

　　至於背後的原因，更是錯綜複雜。如小君的例子，很明顯跟父母與他的自我要求有關。父母要求他成績卓越，他也是完美主義者，對自己要求嚴苛，面對挫敗的堅韌度很低。所以當成績退步時，他便無所適從不知如何面對，以缺課作為逃避。

　　當然，除此以外也有家庭的因素，如父母精神健康出現問題，導致孩子害怕離家。又或者在學校遭遇霸凌，跟老師或同儕相處出現極大問題等等，都會讓孩子對上學卻步。

　　見過一些父母用盡方法，每天都在催逼孩子上學，結果關係愈搞愈糟。拒學的孩子最需要的，是家人的諒解與陪伴，明白他不想上學的真正原因與恐懼，盡快向專業人士求助，接受輔導。當孩子感覺被理解與關懷，一些心結解開了，最後在家長的鼓勵支持下，便可以回校復課。

　　為人父母的，一定要關注孩子拒學的行為，千萬別置諸不理。否則就真是後悔莫及呢！

默書的煩惱

這天，陳師奶告訴我，她剛升小一的兒子，默書不及格。

「我每天下課都幫他溫習，但他就是記不到。明明見到他識寫那幾個生字，怎知改天就忘了。」

看她一臉焦急，因為看見自己心愛的兒子追不上，但WhatsApp group內其他的孩子好像沒有什麼問題。「張師奶更自豪的說，她兒子覺得默書挺容易，更次次拿滿分呢！那我的兒子是否有點學習遲緩，或者什麼問題⋯⋯」

再問下去，才知道陳師奶的兒子以前唸的幼稚園是用活動教學，沒有多教孩子生字。至於何謂「默書」，更是聞所未聞。

到底，陳師奶的兒子是否學習遲緩還是適應問題？追問之下，發覺她兒子對不少事物（特別他感興趣的，如回答故事書的問題）都很易上手，一學就會。但偏偏就是記不到生字。

當然，她面對的另一個問題，就是朋輩的壓力。人家的小孩都好像「沒問題」，自己的有「問題」，那感覺不好受？只是，在WhatsApp group說「沒問題」的只有張師奶，其他都不搭嘴，會否有些同樣面對默書煩惱而沉默不回應呢⋯⋯

　　況且，默書佔的分數，不過是整體的10%左右。但在家長心目中，卻是每天的戰場。值得嗎？

　　其實，每個人怎樣能把事物變成記憶，總有一套「最適合他」的方式。有人要讀出來才記得，有人要唱出來，有人要靠圖像才能記憶。找出最能幫助孩子記憶的方式，他會逐漸掌握記住生字的要訣。

　　至於那些不可不入的家長WhatsApp group，在當中接收資訊即可。當然不排除有些家長在當中「曬命」，說自己孩子怎出色等等，別將之跟自己的孩子比較，讀讀便算。

　　每個孩子都有他一條學習的路，有時快，有時慢。家長在旁可以做的，是鼓勵，陪伴，支持，還有最難的是：等待。等待他開竅，找到學習的要訣，而默書只是其中一個小小環節而已。

陪孩子做功課

這天，想約張師奶出來喝茶。怎知她一聽就推，因為要陪孩子做功課，這陣子忙得很。

「你有所不知了，我的兒子很黏我，我不在他身邊，他就不做功課！」

這種說法，其實不只張師奶一個，陳李黃何師奶都會這樣說。總覺得，孩子「需要」我們在他身邊，他才會做。於是，咱們也樂得「被需要」。到最後，問題便來了。本來屬於孩子責任的功課，不知怎的，就轉嫁到媽媽身上。

「是啊，她沒有了我在身邊，就不肯做！」這真的是事實嗎？還是孩子不想做功課，要媽媽「陪」因為她會幫忙，甚至出手相助，那討厭的功課就可以快快完成。

說到底，更重要的問題是：做功課是誰的責任？功課的目的是什麼？

做功課，當然該是孩子的責任。功課的初衷，是盼望孩子能將課堂上所學到的應用自如。如果搞清楚這是最終目的，「陪孩子做功課」就有意思多了。談到陪孩子做功課，多年經驗與訪談累積，總離不開以下幾道板斧：

循序漸進：讓孩子能獨立自主做功課，是一條漫長的路。年幼的時候連生字都不懂圈，就要教他從「圈生字」開始，逐漸掌握溫習的要訣。至中年級該可以自行溫習並教他規劃時間，再大一點就是叫他怎樣將所學融匯貫通，甚至引導他如何閱讀，做筆記，整理專題了。

定時定候：每天固定時間做功課，不能任由孩子擺佈，培養他定時做作業的好習慣。如果可以，讓孩子有一張固定的、專屬於他的書桌，並鼓勵他親自佈置，讓溫習變得更有趣可親。

傾囊傳授：咱們為人父母也當過學生，更有個人溫習的一些「絕門技巧」，可以傳授給孩子。如我就在孩子五年級時，傳授了給她做筆記的技巧，她後來更是青出於藍，同學們爭相拿她的筆記參考呢！

期望相符：每個孩子的能力特長也不一樣，切勿揠苗助長，所以對孩子的期望也要跟他的能力相稱。如要求一個文科的孩子數學拿八十分，是不切實際的。

最後請緊記，做功課是孩子的事。父母減少介入代勞，讓孩子逐漸掌握做功課的要訣，成為一個自主學習的人。

第六章

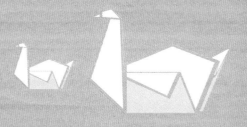

家庭生活大小事

婆說婆有理？

這天，到商場上廁所。在我前面排隊的，是一個年輕女子牽着她的奶奶。

「你要去洗手間嗎?」

「不，我去過了！奶奶妳先去，我幫妳拿手袋。」說時遲那時快，女子已一手拿着奶奶的手袋。

「奶奶，輪到妳了。來！我幫妳推門……」她的溫柔細語，服侍體貼，令我為之側目。而看到那位奶奶面露得意滿足的笑容，就知道她挺滿意這位媳婦。

表面看，這是對很合拍的婆媳，現實是否如此就無從知曉。但無論如何，婆媳關係正是現代家庭棘手的難題。聽過不少姊妹告訴我，本來跟婆婆相安無事，但孩子一出生，問題就來了。

問題之一，就是她們需要請婆婆帶孩子。但湊孩子之道，婆媳之間卻是南轅北轍。一個說逗孩子睡覺要放「豆袋」，一個卻說放不好會讓孩子窒息。總之婆婆說婆有理，媳講媳有道。

問題之二，是將丈夫夾在中間。認識一些控制慾強的女士（婆媳都有），總是要求丈夫站在她那邊，完全不管另一方的看法感受。像

她，常對丈夫說「孫子要什麼就給什麼，奶奶就是把孫子寵壞」，只是她愈向丈夫埋怨，彼此的關係便會愈僵。

其實，奶奶有沒有道理都好，她都是長輩，也是老公的媽媽。怎說，也要給幾分「薄面」才行。家中出現重大決定（如移民），最好也問問她意見，讓她也有份參與。而在管教孩子的事情上，與其跟她事事爭拗，不如先跟丈夫約法三章，定下一些底線，如給孩子吃糖果的數量、看電視的時間等等，事先聲明，並懇請奶奶配合。用「懇請」是指語氣與態度，如「奶奶啊，我們商量過，想遵照專家建議，給孩子每天看半個小時卡通對他的成長是最有幫助的，請幫忙配合好嗎？」套了專家之口，也不是硬梆梆的「要求」，奶奶感覺受尊重，也較易妥協。

至於底線以外的，如奶奶總想多見孫兒，想多共聚天倫之樂等的渴望，可以滿足就滿足吧。還有就是，主動認識婆婆的喜好個性，過時過節買些小禮物聊表孝心，周末帶她跟老爺到處吃吃玩玩，這些基本功若打好，婆媳相處就會愈來愈輕鬆。

婆婆，辛苦了！

難得有空，特意約剛當了婆婆的她午餐。怎知一頓飯下來，她總是心神恍惚，一直打電話回家，吩咐菲傭為外孫兒張羅膳食。

「幹嗎這樣緊張？有菲傭照顧不就行了？」怎知這一問，卻引來她的一肚子苦水。

「女兒很緊張兒子，説菲傭靠不住，一定要我牢牢盯着⋯⋯」結果就是，女兒沒下班，她就要看管外孫兒的日常生活，全年無休。

「一星期總有一天休息吧！」

「孩子快七個月大了，我只有上星期租了一個旅館的房間休息，睏得整整睡了一整天。」怎會這樣？難道女兒不知道媽媽辛勞的嗎？

很明白年輕的一代，由於生得少，孩子都是寶。所以請父母幫忙帶孩子，乃人之常情。只是，父母畢竟是父母，不是傭人，不能隨意呼喝，也要顧及老人家的感受。

聞説有媳婦在家安裝了攝錄機，並要求奶奶每趟來探孫女，都要更衣才能進門。怎知那天奶奶見到孫女已忘形擁抱，忘了「換衫」，立刻收到媳婦來電，説她犯了禁忌。

聽到這些故事，都會心頭一酸。為什麼咱們那個年代，仍相信天生天養，孩子碰到什麼不乾淨的東西，頂多「大菌食細菌」而已。

當然，也聽過年輕的一代向我抱怨，說兩代管教標準不同，難以適應。那就好好談談彼此的要求底線，總相信早說清楚好過秋後算賬。

畢竟是養育了我們一輩子的父母，現在步入晚年，該讓他們享享清福，閒來弄孫為樂，而不是當菲傭的督工。

除此以外，更重要的是態度。人與人的關係，講清講楚固然重要，但用怎樣的語氣態度去說，就更重要。搞不好就會傷了和氣，壞了關係。

曾有姐妹告訴我，不知怎的對親人就會不留情面，特別尖銳，尤其關乎孩子的起居，真是「阿媽都無面俾」。但話說回來，如果孩子見到我們天天惡形惡相對待父母，有天他們長大了，會怎樣對待我們，大家有否想清楚呢！

趁着假期，不如讓孩子向長輩說句「婆婆辛苦了！」，並帶倆老外出吃頓好的，聊表謝意吧。

又到拜年時

又到農曆新年，為人父母又開始緊張了。緊張什麼？要向親戚朋友拜年，孩子要有好表現啊！

問過身邊一些父母，帶着孩子去拜年，最怕他們不發一言，一句祝福話都不懂說。所以，拜年之前總會來個「操練」，並告訴孩子：「你恭喜完畢，就可以拿到一封大利是！」

所謂「操練」，就是對不同年齡人物的祝福語。記得孩子年幼時，就教她見到年長的就說「身體健康」，見到女士則恭祝她「青春常駐」，男士嘛就說「步步高升」，準沒錯。當然也見過一些素有訓練的孩子，一入屋就把起碼十句祝福語連珠發砲般說出，讓人嘖嘖稱奇。

不過請留意，拜年不是孩子之間比試「誰說的祝福語較多」，更不是比較「學校背景成績」，甚至「工作薪水」的時間。而是家人親戚相聚，談談近況，彼此問安的好時機。

千萬別一進門就「問」人過甚，如打聽親戚的孩子「唸什麼學校」、「大學唸哪科系」，還有「比賽有否拿獎」等等，人家不說不提就別問了。還不如趁着這時機，讓疏遠的親戚妯娌之間培養多點感情聯繫，特別讓下一代的孩子彼此認識，玩玩桌上遊戲（如大富翁、UNO），這樣拜年才好玩有趣。

　　當然，不得不提的是「利是」。見過有些孩子，一收到「利是」就立刻用手摸摸，以「軟」（紙幣）「硬」（錢幣）來分別。知道是「軟」的就擺出一副高興的嘴臉，若是「硬」的就報以「白眼」。如果真的是這樣的話，咱們父母一定要多多檢討，我們到底在灌輸一種怎樣的價值觀給孩子呢？

　　不過，也見過一些媽媽，看到孩子從大廈的看更手中收到利是，滿臉感激並着孩子一定要向對方致謝。這是應該的。特別在這個「憎人富貴厭人窮」的社會氛圍下，為人父母更應多教導孩子懂得珍惜感激。

　　下次拜年時，除了教孩子熟背祝福語之外，家長們會否也教他對親戚朋友多點感恩與關懷之道呢？

請 善 待 父 母

　　見過不少家庭都會請上一代幫忙湊孩子，這是無可厚非的。因為父母退休了，時間多的是，請他們加上傭人一起照顧孩子，是最萬無一失，也是理所當然的。

　　問題就出在：「理所當然」這四個字。父母已經養育了我們大半輩子，難道還要他們繼續操勞照顧下一代嗎？這絕非他們的義務，但卻是不少父母甘之如飴的愛的傳承。

　　只是，今日的父母，年齡跟體力都跟從前大大不同。以前身體健壯，捱更抵夜湊孩子絕對勝任。現在，動輒就血壓血糖高，抱得孫兒多時更會腰痠背痛。做兒女的一定要懂得保護他們，別讓他們撐着身子累壞了。也就是說，一星期七天，總得有兩天讓他們可以休息透透氣，不用湊孫的。

　　畢竟，父母年紀大了，能健健康康跟我們共度的日子也有限。所以更重要的，是懂得疼愛父母。

　　那該怎樣疼？身邊一些年輕的夫妻會說：一年會帶爸媽跟自己一家四口去一兩趟旅行。那也不錯，但請留意旅行的時候，是否真正讓雙親得到適當的休息玩樂，而不是讓他們「湊孫」，兩夫妻就跑去「二人世界逍遙」啊！

那在日常生活之中，又可以怎樣跟父母溝通？

父母年紀大，說話一定重複囉唆。為人子女的，請以耐性寬容對待他們的電話查詢。比方說，老媽可能每天打來問你：「我的孫兒今天吃什麼菜？」聽罷，她或許會責怪我們老是煮些沒營養的東西給孩子吃，又或者問長問短菜是怎樣煮湯是怎樣熬的。別責怪他們，這只是他們表達關愛的溝通方式。

還記得老爸在生時，每逢接到我打去的電話，都會提高聲音說：「嗨，女！什麼事要告訴爸爸的？」那時會覺得他老人家幹嗎這樣大驚小怪，一通電話而已！直至近日，我始發覺接到女兒下班後打來的電話，我也會說：「嗨，女！什麼事要告訴媽媽的？」語氣同出一轍。

愈來愈明白，我們為何要善待父母，因為孩子是在我們身上看見，他日便會有樣學樣用來對待我們。善待父母，其實是為自己的老去「鋪路」。

大 的 一 定 要 讓 小 的 ？

已經不止一次，問她最不想聽到父母說的話是什麼？她都給我同樣的答案：就是「大的一定要讓小的！」

「為什麼這樣不喜歡？你很討厭弟弟嗎？」

「是啊，因為他的出現，好像搶了媽媽對我的愛。媽媽天天都說，叫我要讓弟弟！但為什麼每一次都是大的就一定要讓小的？為何弟弟不可以讓我一次……」說着，她已是熱淚盈眶。

素來，手足之爭是父母最頭痛的話題。為了減少彼此之間的紛爭，父母最常用的方法就是：誰哭就誰贏，或者大的一定要讓小的。

哭鬧就能贏得這場爭吵，看似最快捷方便，卻是在縱容孩子哭鬧。這一代的孩子都很精靈，屬於「挑通眼眉」之輩，怎麼不知道用哪一種方法最能贏取父母的心。還不如待孩子哭鬧過後，才跟他好好傾談處理。

至於「大的讓小的」這個老招，只會讓手足的猜疑誤會更深，大姊姊哥哥心底那「弟弟妹妹的出現掠奪了父母的愛」的糾結，可是易結不易解，至成長後仍難以釋懷呢。

當然，也有一派的說法是「父母先別介入，看看孩子怎樣處理」。

那也得看孩子的年齡，稚齡的孩子未必懂得處理紛爭，動輒就動口（甚至咬人）或動手（打人），這些都是要大人即時介入調停。

其實，手足之爭通常都是需要父母介入打圓場的。為什麼？因為他們通常都會爭持不下，要求父母介入，為人父母的請務必公平公正，讓雙方都有發言申訴的權利。對那個「先撩」的一方，一定要警戒甚至小懲（如減少他的玩耍時間）。至於願意道歉退讓，多走一步握手言和的一方，可以多加欣賞鼓勵，讓孩子看到這是父母接納的應對方法。

不過說到底，還是在平常日子，讓孩子珍惜手足之情。千萬別偏心某一個，讓孩子知道每一個兒女都是爸媽疼愛的，無分彼此，將來長大了更是可以互相扶持，甚至可以好好照顧年邁父母的好伙伴。

照顧的困惑

那天一早醒來，收到友人的WhatsApp：「抱歉，今天的午餐約會要取消了。因為老爸中風進了急症！」

她剛送別孩子到外地唸大學了，滿以為可以好好安排那段「空巢歲月」，怎知就傳來老爸中風的噩耗。說真的，這也是像她這般年紀的中年人常碰到的困惑。

根據政府的數字統計，人口會愈來愈老化，「65歲及以上長者的比例，推算將由2016年的17%，增加至2036年的31%，再進一步上升至2066年的37%。」為要照顧突然患病或失智的上一代，這一代父母所要背負的擔子也愈來愈重。根據2015年全球失智症報告指出，全球每年新增九九○萬病例，如今，「全球失智人數已超過五千萬人。」數字讓人側目，也令人憂慮。

面對這樣龐大的老化人口，迫在眉睫的除了醫療及社區的友善照顧之外，就是「照顧者」的情緒與壓力調適。記得當年照顧日漸衰老的父親，也經過不少掙扎，如今回想，有以下一些心得：

照顧家人不是一個成員的責任：因為這責任很多時候都是推給家中的未婚成員，讓對方承擔一切重壓至透不過氣。其實，「孝順父母」每個弟兄姊妹都有責，最好輪流分擔，若是家中獨生兒女，那也要想想如何讓獨居患病的父母得到一些暫時照顧（如到家護理），好

等自己也有休歇的空間。

為父母安排社交活動：不少研究腦退化的專業人士都大力推薦，讓長輩參與活動，跟人下棋，學上網，甚至玩桌上遊戲（如童年時玩的大富翁），都可以延緩退化。記得老父在生時，我就不斷鼓勵他返查經班，還有約老友午餐。

鼓勵他們培養興趣：舉凡種種花花草草，打理盆栽，或者學繪畫唱歌大戲等，都能燃點他們對生命的熱誠，把專注力放在做自己喜歡的事情上，人也開心點啊！

陪他們一同懷舊：記得前陣子在一個活動上，跟一羣中年人大唱懷舊西方流行曲，從Let it be, Seasons in the sun, Hey Jude, Today 一直唱個不亦樂乎。讓他們活到那些美好的日子，也是一種治療與減壓。

當然，更重要的是要知道怎樣照顧都好，都不能盡善盡美。而自己跟配偶孩子的核心家庭，始終是需要維繫的，也是我們的底線。

生之喜悦

我的孩子快要生孩子了！

這幾個月見到朋友，都忍不住把這喜訊告訴身邊的人。友人一聽，就說我這個未來婆婆很興奮緊張。説的也是，看着自己的孩子結婚已經震撼，現在看着她生兒子，簡直喜難自禁。

還記得乘孫出生那天，我是在凌晨接到電話的。女兒早囑附咱們倆老不用太早到醫院，可以晚點才去。只是被電話吵醒後睡不着，不到八點已經去了醫院。

滿以為推門進病房，就會聽到孩子因為胎兒作動的哭喊聲，怎知道出現眼前的畫面，竟是她氣定神閒在吃早餐。

「不痛嗎？」

「陣痛很輕微啊！媽媽！」

就是這樣，陣陣的、輕輕的痛，至最後要動手術把孫兒「拿」出來。

還記得在醫院走廊迎接外孫那刻，心中一直在想：見到孫兒，會感動到哭出來嗎？怎知孩子一推出來，眼睛瞪得大大的，像跟外公外

婆打招呼說：「嗨，我來了！」護士叫我們趕快拍照，拿着手機喀嚓拍了幾幅，哪有時間流淚！

最後，一滴眼淚都擠不出來。心中，滿是喜盈盈的心情。那是一種很純粹、喜形於色的「開心」，非筆墨所能描繪。

那夜回家，跟外子說：時間過得真快，眨眼間，我們就當了公公婆婆。孩子出生時那些塵封的回憶畫面，竟一幕幕的出現。第一眼見到鬖髮的她，第一次幫她換尿片、洗澡，過了這樣久，仍是歷歷在目！

人的回憶就是這樣奇妙。本來以為忘記得一乾二淨的，現在見到這個小寶貝的出現，所有的回憶就如浪翻騰，幾乎淹沒了我的思緒。

友人一聽，就笑着說：這就是生之喜悅啊！

多少年前，孩子的出生，讓我的生命起了翻天覆地的改變。以前，總以為那些以孩子為生活中心的媽媽很「師奶」，生了孩子後自己變得「比師奶更師奶」。以前，自己生病一顆止痛藥就了事，生了孩子後她一咳我就緊張，要飛車帶她去看醫生……

孩子的出生，拓闊了我的世界、視野，更讓我深深知道，無怨無

尤的父母之愛是怎樣的一回事。

今夜，坐在孩子家的客廳，看着她餵奶的側影。心想，「孩子啊！妳開始明白那個時候媽媽的辛勞，該體會那個時候媽媽的掛心憂慮……」

我更不斷告訴自己，這是我的外孫，不是我的兒子。不能太多干預，不能太多意見，要適可而止。

於是這夜，靜靜地看着她跟老公，為着孩子進出房間張羅，小心翼翼餵奶換片。這是生之喜悅，也是生之學習，更是生命承傳之始！

安坐家中——給現代家長安心慢教的56道心帖

作者：羅乃萱

出版經理：林瑞芳

責任編輯：周詩韵

封面及美術設計：藍河創作有限公司

出版：明窗出版社

發行：明報出版社有限公司

　　　香港柴灣嘉業街18號

　　　明報工業中心A座15樓

電話：2595 3215

傳真：2898 2646

網址：http://books.mingpao.com/

電子郵箱：mpp@mingpao.com

版次：二〇一九年五月初版

ISBN：978-988-8526-60-4

承印：亨泰印刷有限公司